新工科建设·智能化物联网工程与应用系列教材

物联网大数据采集与处理实训教程

主　编 ◎ 陈海宝

副主编 ◎ 赵玉艳　赵　亮　杨　辉

电子工业出版社·

Publishing House of Electronics Industry

北京·BEIJING

内 容 简 介

本书主要介绍物联网和大数据技术领域的基础知识与技能，共 5 章，第 1 章为物联网和大数据简介，第 2 章为物联网数据采集，第 3 章为大数据基础环境部署与编程，第 4 章为机器学习，第 5 章为智慧家居传感器数据采集与展示系统。本书通过丰富的任务和实践帮助读者逐步掌握物联网和大数据技术的基础知识与技能，为进一步深入学习与应用物联网和大数据技术打下坚实基础。

本书可以作为高等院校物联网工程、大数据技术及相关专业的教学用书，也可以作为计算机、电子通信等专业相关课程的参考用书。

图书在版编目（CIP）数据

物联网大数据采集与处理实训教程 / 陈海宝主编. —北京：电子工业出版社，2023.12

ISBN 978-7-121-46520-8

Ⅰ. ①物… Ⅱ. ①陈… Ⅲ. ①物联网—数据处理—教材 Ⅳ. ①TP393.4②TP18

中国国家版本馆 CIP 数据核字（2023）第 199881 号

责任编辑：牛晓丽　　　　　　特约编辑：田学清
印　　刷：北京建宏印刷有限公司
装　　订：北京建宏印刷有限公司
出版发行：电子工业出版社
　　　　　北京市海淀区万寿路 173 信箱　　　邮编：100036
开　　本：787×1092　　1/16　　印张：14　　字数：349 千字
版　　次：2023 年 12 月第 1 版
印　　次：2024 年 12 月第 2 次印刷
定　　价：59.80 元

凡所购买电子工业出版社图书有缺损问题，请向购买书店调换。若书店售缺，请与本社发行部联系，联系及邮购电话：（010）88254888，88258888。

质量投诉请发邮件至 zlts@phei.com.cn，盗版侵权举报请发邮件至 dbqq@phei.com.cn。

本书咨询联系方式：QQ 9616328。

前言

　　物联网和大数据是信息时代炙手可热的技术，它们的发展和应用对我们的生活、工作和社会经济产生了深远的影响。从智慧家居到智能交通，从智慧医疗到智慧城市，物联网和大数据技术已经融入人们生活和工作的各个方面，成为数字时代的新生力量。然而，物联网和大数据技术的复杂性与多样性也给学习者带来了一定的挑战。本教材旨在提供一套系统的物联网和大数据技术学习方案，以帮助读者深入理解和掌握这些技术。本教材包含5 章，分别为物联网和大数据简介、物联网数据采集、大数据基础环境部署与编程、机器学习、智慧家居传感器数据采集与展示系统。

　　在第 1 章中，将介绍物联网和大数据技术的基础概念与发展历程，以及一些常用的开源工具和技术架构。在第 2 章中，将讲解如何组建物联网环境，以及如何使用 NodeMCU进行数据采集。在第 3 章中，将介绍大数据基础环境部署与编程，包括 Linux 系统安装与Shell 编程、Hadoop 安装与 HDFS 编程、Kafka 安装与编程、Flink 安装与编程。在第 4 章中，将讲解机器学习的基础知识，以及监督学习和无监督学习的实践应用。在第 5 章中，将带领读者开发智慧家居传感器数据采集与展示系统，主要包括 Flask 环境部署与基础编程、MySQL 安装配置与基础操作、智慧家居数据采集与处理、数据可视化展示。

　　本教材注重实践，每章都配备了相应的实践环节，可以帮助读者更好地理解和掌握相关知识，同时提升实践能力。通过实践，读者将深入了解物联网和大数据技术的应用场景与解决方案，掌握数据采集、数据处理、数据分析和机器学习等核心技术，进而开发出满足实际需求的物联网和大数据技术应用。

　　最后，感谢所有为本教材的编写和出版做出贡献的人员，特别是教材的审稿人员、技术支持人员及所有支持本教材出版的读者和机构。我们希望本教材能够对读者有所启发，为大家的学习和工作带来帮助。如果您在学习过程中有任何问题或建议，欢迎与我们联系（chb@chzu.edu.cn），我们将竭诚为您解答并对教材进行改进。祝愿大家在学习和实践中取得丰硕的成果！

编者

2023 年 5 月

目录

第 1 章
物联网和大数据简介

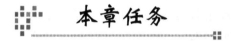

技能目标

◎ 理解物联网和大数据的定义。

◎ 了解物联网架构的基本构成。

◎ 了解物联网和大数据的典型行业应用。

◎ 了解物联网和大数据采集，并会处理相关的开源硬件和框架。

本章任务

学习本章，读者需要完成以下任务。

任务 1.1 认识物联网：理解物联网的定义，了解物联网架构，了解物联网的行业应用。

任务 1.2 认识大数据：理解大数据的定义，掌握大数据的特点，了解大数据的行业应用。

任务 1.3 认识开源工具：了解 NodeMCU、Arduino IDE、EMQ X Broker、Hadoop、Kafka、Flink、Flask、MySQL、ECharts、Grafana、VS Code、IntelliJ IDEA、Maven 等开源工具及其在物联网大数据采集与处理过程中的作用。

任务 1.1 认识物联网

任务描述

理解物联网的定义，了解物联网架构，了解物联网的行业应用。

关键步骤

（1）理解物联网的定义。

（2）分别了解物联网的四层架构及每层架构的作用。

（3）分别了解物联网在工业自动化、智慧城市、物流和供应链管理、农业和畜牧业、医疗保健、能源管理、安全监测、零售行业、军事等行业与领域的应用。

1.1.1 物联网的定义

物联网（Internet of Things，IoT）是指通过互联网将传感器、设备、物品等连接起来，并通过各种通信技术进行数据交换、信息处理和智能控制的网络系统。

简单来说，物联网将各种传感器和设备通过互联网连接起来，使它们能够相互通信和交换数据，并且实现更智能的控制和管理。物联网可以帮助实现智能家居、智慧城市、智能交通、智能工厂等应用场景。

物联网的核心技术包括传感技术、通信技术、数据处理技术和人工智能等。传感技术用于感知周围环境的各种物理量，并将数据传输给云端；通信技术包括 Wi-Fi、蓝牙、4G/5G 等，用于实现传感器与云端的连接；数据处理技术包括云计算、大数据、边缘计算等，用于对传感器采集的数据进行处理和分析；人工智能可以为物联网提供更智能的应用，如通过机器学习来预测未来的趋势和优化决策。

总体而言，物联网的目的是通过连接和智能化来提高效率、降低成本、增强安全性和便利性，推动人类社会进一步发展。

1.1.2 物联网架构

物联网架构一般可以分为四层，分别是感知层、网络层、数据处理层和应用层，如图 1-1-1 所示。下面是对每一层的详细介绍。

应用层	负责提供各种物联网应用和服务
数据处理层	负责对感知层采集的数据进行存储、处理、分析和挖掘
网络层	负责数据的传输和管理
感知层	负责采集和感知物理世界中的数据

图 1-1-1　物联网架构

（1）感知层。

感知层是物联网架构的底层，它主要负责采集和感知物理世界中的数据。感知层设备包括传感器、执行器、标签、控制器等。传感器可以感知和采集物理世界中的温度、湿度、光线等信息，执行器用于控制物理设备的行为。

（2）网络层。

网络层是连接感知层和数据处理层的重要层，它主要负责数据的传输和管理。网络层通常包括传输介质、协议、网关等组件。协议包括 HTTP、MQTT、CoAP 等，网关用于连接不同的网络和协议。

（3）数据处理层。

数据处理层是物联网架构的核心层，它主要负责对感知层采集的数据进行存储、处理、分析和挖掘。数据处理层包括数据存储组件、数据处理组件和数据分析组件等。数据存储可以采用关系数据库、NoSQL 数据库或文件系统等实现，数据处理和数据分析包括数据预处理、数据挖掘和机器学习等技术。

（4）应用层。

应用层是物联网架构的最高层，它主要负责提供各种物联网应用和服务。应用层包括应用平台、应用接口和应用程序等组件。应用平台可以提供数据分析、数据可视化及数据交互等功能，应用接口可以提供 API 接口和协议等，应用程序是各种基于物联网的应用和服务，如智能家居、工业自动化、智慧城市等。

物联网架构通过感知层、网络层、数据处理层和应用层的组合，实现了对物理世界的感知，以及对数据的传输、处理和应用，从而实现了人与物的互联互通。

1.1.3　物联网的行业应用

物联网技术可以在各个行业中应用，以下是一些典型的物联网行业应用。

1）工业自动化

物联网技术在工业自动化中的应用已经日渐普及。以下是物联网在工业自动化中的一些应用。

设备监测和预测维护：物联网技术可以用于对工厂设备进行监测和维护，通过传感器实时采集设备的运行状态和性能数据，并利用数据分析和人工智能技术进行故障预测和维护优化，从而避免出现设备停机，降低维护成本。

生产线优化：物联网技术可以帮助工厂实现生产线的优化，通过对生产线的各个节点进行监测和控制，自动化调整生产进程，可以减少人工干预，提高生产效率和产品质量。

资源管理：物联网技术可以帮助企业实现对能源、水、气等资源的监测和管理，通过智能化控制和优化可以降低成本与资源的消耗，保持环境的可持续性。

质量控制：物联网技术可以通过智能传感器和数据分析技术实现对产品质量的监测和控制，提高产品的稳定性和一致性。

调度管理：物联网技术可以帮助企业实现对生产调度的自动化管理和优化，通过对生产线的各个节点进行实时监测和调度，自动化调整生产进程，减少人工干预和生产线的闲置时间，提高生产效率和产品质量。

安全监测：物联网技术可以应用于工厂安全监测，如智慧安防、火灾报警等，通过实时监测和数据分析技术，及时发现和预防安全风险，提高工厂的安全性和稳定性。

物联网技术在工业自动化中的应用可以提高工厂的生产效率和产品质量，降低成本和资源的消耗，保持环境的可持续性，提高工厂的安全性和稳定性。随着物联网技术的不断发展和应用，相信物联网在工业自动化中的应用将会越来越广泛。

2）智慧城市

在智慧城市中，物联网技术被广泛应用，这带来了诸多优势，如提高城市运转效率、节能减排、提升居民生活质量等。

以下是物联网技术在智慧城市中的一些应用。

智慧交通：物联网技术可用于城市交通管理，如通过传感器和交通信号灯实现智能交通控制。通过实时监测车流量、路况、停车位情况等信息，可实现对城市交通的智能调度，减少交通堵塞和能源浪费。

智能照明：物联网技术可用于城市照明管理，如通过光敏传感器和智能路灯实现智能照明控制。根据天气、光照、交通等条件调节路灯亮度，实现节能减排、提高路灯使用寿命等。

智慧环保：物联网技术可用于城市环保管理，如通过传感器和智能垃圾桶实现垃圾分类和智能收集。通过实时监测垃圾桶状态和垃圾种类，可实现垃圾分类和智能收集，减少垃圾填埋和焚烧等环境污染问题。

智慧安防：物联网技术可用于城市安防管理，如通过摄像头和智慧安防系统实现智能监控和预警。通过城市实时监控画面实现对可疑人员和事件的实时预警与调度，提高城市治安水平。

智慧物流：物联网技术可用于城市物流管理，如通过传感器和智能物流系统实现智能调度和管理。通过实时监测货物的状态、位置和交通情况实现物流调度的优化，提高物流效率并降低物流成本。

物联网技术在智慧城市中具有广泛的应用前景，可帮助城市实现智能化、高效化、绿色化和便捷化等目标，同时可以提高城市居民的生活质量和安全水平。

3）物流和供应链管理

物联网技术可以帮助企业实现对物流和供应链的监测与管理，提高运输效率并节约成本。物联网技术在物流和供应链管理中的应用正在迅速扩展。以下是物联网技术在物流和供应链管理中的一些具体应用。

实时跟踪和定位：利用传感器可以实时跟踪货物的位置和状态，使得供应链管理者可以获得实时物流数据，以便更好地管理库存、运输、物流等。此外，实时跟踪和定位有助于提高安全性和可靠性，减少损失，降低货物被盗窃的风险。

远程监控和预测维护：利用传感器可以监测车辆、船舶和设备的运行状态，并提供实时反馈。这使得管理者可以及时采取措施，以防止设备发生故障和被损坏，并进行预测维护。这有助于降低维修和停机成本，提高设备的可用性和增加寿命。

货物和库存管理：利用传感器可以跟踪货物的温度、湿度、气压、光照等信息，以确保货物处在良好的保存条件下。此外，物联网技术可以帮助管理者更好地了解库存水平、存储位置和周转时间，以优化库存管理。

智能物流路线规划：利用传感器可以收集道路、气象、交通和事件等的相关数据，以帮助物流管理者制订更好的计划。这有助于降低运输成本和减少运输时间，并提高运输效率和准确性。

供应链可见性：物联网技术可以帮助管理者实时跟踪整个供应链的数据和流程，以便更好地了解供应链的情况和瓶颈。这有助于管理者做出更准确和及时的决策，以优化供应链的效率和降低成本。

物联网技术在物流和供应链管理中的应用可以有效提高供应链的可见性、灵活性和效率，降低成本和风险，同时提高客户满意度。

4）农业和畜牧业

物联网技术在农业和畜牧业中的应用称为智慧农业（Smart Agriculture）或数字农业（Digital Agriculture），其应用范围涵盖了从种植、灌溉、施肥、病虫害监测到畜牧养殖、动物健康监测等方面，以下是一些典型的物联网在农业和畜牧业中的应用。

土壤监测和管理：物联网技术可以帮助人们监测土壤中的水分、养分和 pH 值等参数，并实时收集和分析这些数据，以便做出决策，如精确浇水和施肥，提高作物产量和质量。

智能灌溉系统：通过在农田中安装传感器，可以实时监测土壤湿度和气象条件，以便控制灌溉量和频率。此外，可以通过远程控制系统调节水泵、阀门等灌溉设备，节省水资源，提高灌溉效率。

病虫害监测：利用物联网中的传感器和监测设备，可以实时监测农田中的病虫害情况，及时采取措施，如精准喷洒农药，降低农药的使用量，提高防治效果，同时可以减少对环境的污染。

精准养殖：在畜牧业中，物联网可以帮助畜牧场管理者实现对牛、猪等动物的智能监测和精准饲养，如通过安装传感器监测牲畜的饮水量、体温、食欲等参数，及时发现异常症状，提高动物的健康水平，同时降低疾病传播风险。

智能运输和物流：物联网还可以帮助农产品的生产者和供应商实现智能化的物流管理，如通过传感器实时监测货物的温度、湿度、振动等参数，确保农产品的品质并保障其安全。

物联网技术的应用可以帮助农业和畜牧业从业者实现对生产过程的智能监测和管理，从而提高生产效率、降低成本，同时减少对环境的负面影响，提高产品的品质并保障其安全。

5）医疗保健

物联网技术在医疗保健领域中的应用称为智慧医疗（Smart Healthcare），其应用范围涵盖了从医疗设备管理、健康监测到远程监测和诊断等方面，以下是一些典型的物联网技术在医疗保健中的应用。

远程监测和诊断：通过物联网技术连接各种医疗设备和传感器，可以实时监测病人的生命体征和健康状况，如血压、心率、血氧水平等，及时发现疾病的变化和风险，并进行远程诊断和治疗。

医疗设备管理：物联网技术可以帮助医院管理人员实时监测医疗设备的工作状态和维护情况。例如，通过连接医疗设备的传感器及时发现故障并进行维修，避免设备发生故障，对患者造成影响。

智能药品管理：通过物联网技术连接药品追溯系统和传感器，可以实现对药品的实时监测和管理，如对药品的存储温度、湿度等进行监测，确保药品的质量和安全，同时减少对药品的浪费。

健康管理和预防：通过物联网技术连接健康监测设备可以帮助人们更好地管理自己的健康，如通过追踪体重、饮食、运动等参数，提供个性化的健康建议和预防方案，促使人们养成健康的生活方式。

医疗数据分析和决策支持：物联网技术可以帮助医院管理人员和医生对医疗数据进行收集和分析，以便做出更好的决策。例如，提供更好的病例诊断、制订更有效的治疗方案、优化医疗资源分配等。

物联网技术的应用可以帮助医疗保健行业实现对医疗设备、患者的智能监测和管理,提高医疗效率、降低成本,同时为患者提供更好的医疗服务和健康管理方案。

6)能源管理

物联网技术在能源管理领域中的应用称为智能能源(Smart Energy),其应用范围涵盖了从能源生产、输送到使用等方面,以下是一些典型的物联网技术在能源管理中的应用。

能源生产监测:物联网技术可以帮助能源生产企业实时监测能源生产设备(如风力发电机、太阳能板等设备)的工作状态和性能,以便及时发现故障和优化生产效率。

能源传输监测:物联网技术可以帮助能源传输企业监测能源输送管道的工作状态和损耗情况,如监测输送管道的温度、压力、流量等参数,以便及时发现故障和减少能源损失。

智能家居:通过连接家庭能源管理系统和家居设备,物联网技术可以帮助家庭用户实现对能源的智能管理,如自动调节室内温度、智能控制照明等,以便降低能源消耗和提高生活舒适度。

能源数据分析和预测:物联网技术可以帮助能源企业对能源数据进行收集和分析,以便更好地理解能源使用情况和需求,如根据历史数据预测能源需求,制订更好的能源供应计划等。

智能公共设施管理:物联网技术可以帮助政府和城市管理部门对公共设施的能源使用情况进行监测和管理,如对道路照明、停车场、公共交通等的能源消耗进行管理和优化,以便降低能源消耗和减少环境污染。

物联网技术的应用可以帮助能源管理行业对能源的生产、输送等进行智能监测和管理,提高能源利用效率,降低能源成本,同时为城市居民提供更好的能源服务和智能生活体验。

7)安全监测

物联网技术可以用于监测和控制各种风险与安全问题。以下是物联网技术在安全监测中的应用。

智能家居安全监测:物联网技术可以用于智能家居安全监测,如使用智能门锁、智能摄像头、可穿戴设备等对家庭安全进行实时监测。智能家居安全监测还可以与安保公司、公安局等机构联动,提高应急反应速度和解决问题的能力。

工业安全监测:物联网技术可以用于工业安全监测,如使用传感器、智能设备等对生产过程进行实时监测和控制,以便及时发现问题并采取相应措施,保障员工和设备的安全。

智能交通安全监测:物联网技术可以用于智能交通安全监测,如使用车联网技术对车辆和路况进行实时监测和分析,提高交通安全和减少交通拥堵。

环境安全监测:物联网技术可以用于环境安全监测,如使用传感器、监测设备等对大气、水、噪声等方面进行监测,及时发现异常情况并采取相应措施,保障环境安全。

金融安全监测:物联网技术可以用于金融安全监测,如使用智能摄像头、声音识别、数据分析等技术对金融交易进行监测,及时发现异常交易,保障金融安全。

物联网技术的应用可以帮助人们对各个方面的安全进行监测和管理,及时发现异常情况并采取相应措施,提高安全保障水平,降低安全事故的发生频率。同时,物联网技术可以为城市安全、企业安全等领域提供更智能、更高效的管理手段,提高管理效率和降低管理成本。

8)零售行业

物联网技术在零售行业中的应用已经开始得到广泛关注。以下是物联网技术在零售行业中的一些应用。

库存管理：物联网技术可以通过 RFID、传感器等设备对库存进行实时监测和管理，实现自动化的库存管理和补货，提升零售企业的效率和增加准确性。

客流量统计：物联网技术可以使用传感器、摄像头等设备对客流量进行实时监测和统计，根据不同时段的客流量进行调整和优化，提升客户体验和增加销售额。

智能售货机：物联网技术可以用于智能售货机，通过传感器、摄像头等设备实现自动化的售货流程、支付等，提升用户体验和增加销售额。

安全监控：物联网技术可以使用传感器、摄像头等设备对零售店铺进行实时监控和管理，及时发现异常情况并采取相应措施，保障店铺和顾客的安全。

定位服务：物联网技术可以使用无线信号接收器、传感器等设备对顾客进行定位，提供精准的定位服务，如指引顾客寻找商品，提供个性化的营销推荐等，提高客户满意度和增加销售额。

物联网技术的应用可以帮助零售企业实现数字化、自动化、智能化的管理，提高效率和增加销售额。同时，物联网技术可以为顾客提供更好的服务，增强顾客忠诚度。

9）军事

以下是物联网技术在军事领域中的一些应用。

战场感知：物联网技术可以使用传感器、摄像头等设备实现战场感知，如实时监测敌方军队的位置、人数和活动，为指挥员提供实时的决策支持和情报支持。

智能武器：物联网技术可以使用传感器、GPS 等设备实现智能武器，如自动导航、自动瞄准和追踪等武器，提高武器的精确度和杀伤力。

物资管理：物联网技术可以使用 RFID、传感器等设备实现对物资（如武器弹药、食品和医疗用品等）的实时监测和管理，提高军队的物资管理效率和准确性。

物流管理：物联网技术可以使用传感器、GPS 等设备实现对军队物资的实时追踪和管理，如物资的运输路线、运输状态等，提高军队的物流管理效率和准确性。

智能装备：物联网技术可以使用传感器、摄像头等设备实现智能装备，如无人机、机器人和装甲车等，提高军队的战斗力和作战效率。

总体而言，物联网技术在军事领域中的应用可以帮助军队实现数字化、自动化和智能化的管理，提高军队的作战效率和精度。同时，物联网技术可以帮助军队提高物资和物流管理效率，确保军队的后勤保障能力。因此，物联网技术已经成为军事领域中的重要技术。

任务 1.2　认识大数据

任务描述

理解大数据的定义，掌握大数据的特点，了解大数据的行业应用。

关键步骤

（1）理解大数据的定义。

（2）掌握大数据的 5V（Volume、Variety、Velocity、Veracity、Value）特点。

（3）了解大数据在零售业、金融业、医疗保健业、制造业、媒体和广告业、物流业、教育和研究机构等行业和领域的典型应用。

1.2.1 大数据的定义

大数据（Big Data）是指规模巨大、结构复杂、高速变化、多样化的数据集合，这些数据集合包含多种类型的数据，如结构化数据、半结构化数据、非结构化数据等，并且这些数据集合的生成速度极快，数据量呈指数级增长。

应用大数据需要处理海量数据，从中挖掘有用的信息，从而支持商业决策和应用创新。因此，大数据处理技术不仅包括数据的存储、处理、传输、分析、可视化等技术，还包括机器学习、数据挖掘、人工智能等技术，以及与数据相关的法律、伦理等。

总体而言，大数据是指规模巨大、多样化、高速变化的数据集合，需要使用特殊的技术和工具对其进行处理和分析，以挖掘有用的信息并支持商业决策和应用创新。

1.2.2 大数据的特点

具体来说，大数据具有以下 5 个特点。

（1）数据体量（Volume）巨大。

数据的数量可以达到千万、亿，甚至十亿级别。在处理这些海量数据时，传统的技术和工具已经无法胜任工作。

（2）数据类型多样（Variety）。

大数据集合通常包含多种类型的数据，包括结构化数据（如关系数据库中的数据）、半结构化数据（如 XML 文件）和非结构化数据（如文本、图像、音频和视频等）。这些数据来源于不同的渠道，如社交媒体、日志、传感器、无线设备等，具有多样性和复杂性。

（3）变化速度（Velocity）快。

数据产生的速度在不断加快。例如，传感器和移动设备等数据源可以实时生成大量数据，这就需要进行高速处理和分析。数据的增长速度和处理速度是大数据变化速度快的重要体现。大数据对数据响应速度有更严格的要求，数据处理遵循"1 秒定律"，以从各种类型的数据中快速获得高价值信息。

（4）数据真实性（Veracity）差。

由于大数据有各种来源，其中可能包含不准确、不完整、不一致的数据，甚至是虚假的数据，因此在进行数据分析时，需要对数据进行清洗和过滤，以确保数据的准确性和真实性。

（5）价值（Value）密度低。

在现实中，有大量的数据是无效或低价值的，以音频为例，1 小时的音频，可能其中有用的数据只有几分钟。大数据技术最大的价值在于从大量不相关的、各种类型的数据中，挖掘出对未来趋势与模式预测分析有价值的数据。

1.2.3　大数据技术的行业应用

大数据技术在零售、金融、医疗保健、制造、媒体和广告、物流、教育和研究机构等行业和领域都有应用。

（1）零售业。

大数据技术可以帮助零售企业预测消费者需求、优化库存管理、优化市场营销策略等，以下是一些具体的应用和实例。

预测消费者需求：通过分析消费者的购买行为、喜好和购物历史等数据，大数据技术可以预测消费者的需求和趋势，帮助企业更好地定制产品和服务。例如，淘宝网可以通过用户浏览记录和购买历史来推荐个性化的产品。

优化库存管理：通过实时监控库存数据、销售数据和需求预测数据，可以帮助企业优化库存管理和订单管理，减少存货积压和降低采购成本。例如，京东利用大数据技术实现了智能化的库存管理和自动化的订单管理。

优化市场营销策略：通过分析消费者的购买历史和行为，可以帮助企业更精准地确定市场营销策略和优化广告投放。例如，阿里巴巴的大数据平台可以根据用户的兴趣、地理位置和搜索历史等数据，为广告客户提供更精准的广告投放服务。

优化供应链：通过分析供应链数据、物流数据和销售数据，可以帮助企业优化供应链管理和配送计划，提高供应链效率和降低成本。例如，联想采用大数据技术优化了其供应链管理，降低了采购成本和库存成本。

优化价格策略：通过分析消费者需求、竞争对手价格和销售数据等，可以帮助企业制定更合理的价格策略和优惠方案，提高产品的竞争力和销售额。例如，通过大数据分析并调整车费，使其更加合理和更具竞争力。

总之，大数据技术在零售业中的应用非常广泛，可以帮助企业更好地了解消费者的需求和行为，优化业务流程和管理，提高企业竞争力和业绩表现。

（2）金融业。

大数据可以帮助金融机构更好地识别和管理风险、提高客户满意度、改善业务流程等。以下是一些具体的应用和实例。

风险管理：金融机构可以利用大数据技术来识别和管理风险，如预测市场波动、评估借款人信用风险、反洗钱等。例如，银行可以通过分析客户的信用评分、还款历史和收入等数据，评估其贷款违约风险。

客户关系管理：金融机构可以利用大数据技术来了解客户需求和行为，从而提供更个性化的产品和服务。例如，信用卡公司可以通过分析客户的消费记录、地理位置和社交媒体行为，为客户提供更精准的服务。

业务流程改进：金融机构可以利用大数据技术来优化业务流程和管理，如提高服务效率、降低运营成本等。例如，保险公司可以通过大数据技术来进行自动化索赔处理，提高索赔处理效率。

投资管理：金融机构可以利用大数据技术来识别潜在的投资机会和优化投资组合，如预测市场走势、分析公司财务数据等。例如，基金管理公司可以通过大数据技术来筛选出潜在的高收益股票，优化投资组合。

欺诈识别：金融机构可以利用大数据技术来识别欺诈行为，如识别信用卡诈骗、防范虚假贷款等。例如，银行可以通过大数据技术来监测异常交易行为，以识别潜在的欺诈行为。

大数据在金融业中的应用非常广泛，可以帮助金融机构更好地管理风险、提高客户满意度、改善业务流程等，从而提高企业的业绩和市场竞争力。

（3）医疗保健业。

大数据在医疗保健业中的应用可以帮助医疗机构更好地理解疾病模式、管理病人健康状况、提高治疗效果、优化药品研发流程等。以下是一些具体的应用和实例。

疾病预测和预防：利用大数据技术可以分析大量的病人数据，包括生物学、遗传学、环境和行为数据等，从而帮助医疗机构预测和预防疾病。例如，通过分析病人的基因数据、体征和环境因素等，可以预测病人是否患有某种疾病，以便采取预防措施。

病人管理：利用大数据技术可以收集和分析病人数据，从而更好地管理病人的健康状况。例如，通过追踪病人的生命体征、用药情况和健康习惯等，可以及时发现和处理潜在的健康问题。

医疗决策支持：利用大数据技术可以为医生和医疗机构提供决策支持，从而提高治疗效果和降低医疗成本。例如，通过分析大量的医疗数据，可以识别出有效的治疗方法和适合病人的药品。

药品研发：利用大数据技术可以加速药品研发过程、降低研发成本。例如，通过分析病人数据和药品研发数据，可以找到潜在的新药品目标并优化现有药品的使用剂量。

医疗资源管理：利用大数据技术可以优化医疗资源的分配和使用，从而提高医疗机构的效率和降低医疗成本。例如，通过分析病人数据和医院数据，可以优化医院的运营流程和资源分配，减少资源浪费。

总之，大数据在医疗保健业中的应用可以帮助医疗机构更好地管理病人健康状况、提高治疗效果、优化药品研发流程等，从而提高医疗机构的效率和降低医疗成本。

（4）制造业。

大数据在制造业中的应用可以帮助企业更好地了解其生产过程、优化生产效率和降低成本。以下是一些具体的应用和实例。

生产优化：利用大数据技术可以分析生产过程中的数据，从而帮助企业优化生产流程和提高生产效率。例如，通过实时监测生产线上的设备运行状况、分析设备故障数据，可以及时发现设备故障并进行维护，从而减少停机时间和提高设备利用率。

质量控制：利用大数据技术可以对生产过程中的质量数据进行分析，从而帮助企业控制产品质量和降低不合格率。例如，通过分析产品生产过程中的传感器数据和实验室测试数据，可以及时发现并解决生产过程中的质量问题。

供应链管理：利用大数据技术可以优化供应链管理，从而降低成本并提高效率。例如，通过分析供应链中的订单数据、库存数据和运输数据，可以优化物流流程、降低库存成本和运输成本。

智能制造：利用大数据技术可以实现智能制造，从而提高企业的生产效率和竞争力。例如，通过引入大数据技术，可以实现设备之间的自动协作和实时调度，从而实现对生产线的智能化管理。

产品研发：利用大数据技术可以加速产品研发过程，降低研发成本。例如，通过分析消费者的需求数据和偏好数据，可以提供更为准确的市场预测和产品设计方案，从而减少不必要的研发成本。

大数据在制造业的应用可以帮助企业更好地了解其生产过程、提高生产效率和降低成本。

（5）媒体和广告业。

大数据在媒体和广告业中的应用可以帮助企业更好地了解其受众、精准营销和提高广告效果。以下是一些具体的应用和实例。

受众分析：利用大数据技术可以对广告受众进行更为精细的分析，从而帮助企业更好地了解受众的兴趣、行为、偏好等，从而更好地制定营销策略。例如，通过分析社交媒体数据、搜索数据、浏览数据等，可以深入了解受众的兴趣爱好和消费习惯，从而更好地制订广告营销计划。

精准营销：利用大数据技术可以实现更加精准的广告投放，从而提高广告效果和投资净利率。例如，通过分析受众的历史行为、位置信息、搜索记录等，可以精准投放广告，从而提高广告的转化率。

内容分析：利用大数据技术可以对媒体内容进行分析，了解受众的兴趣和偏好，从而更好地确定内容策略。例如，通过分析社交媒体数据、搜索数据等，可以了解受众对不同类型内容的兴趣，从而提供更具吸引力的内容。

媒体监测：利用大数据技术可以对媒体效果进行监测和分析，更好地了解广告的曝光量、点击量、转化率等，从而优化广告营销策略。例如，通过分析广告的曝光量、点击量、转化率等数据，可以了解广告的效果，从而调整广告投放策略。

数据整合：利用大数据技术可以整合不同媒体平台的数据，从而更好地了解受众的行为和偏好。例如，通过整合社交媒体数据、搜索数据、电子邮件数据等，可以了解受众在不同平台上的行为和偏好，从而确定更全面的营销策略。

总之，大数据在媒体和广告业中的应用可以帮助企业更好地了解其受众、实现精准营销和提高广告效果。

（6）物流业。

大数据可以帮助物流公司更好地管理货物、优化运输路线、降低成本、提高效率等。以下是一些具体的应用和实例。

物流路径优化：大数据技术可以帮助物流公司分析运输路径并确定最优路线。以 UPS 为例，利用实时数据分析可以帮助司机选择最佳路径、减少货车拥堵、提高效率。UPS 使用的算法将每个司机的数据输入其路线规划，考虑因素包括避免左转、交通阻塞和时间窗口等，从而确定最短路径。

预测需求：物流公司可以利用大数据技术来预测需求，以更好地满足客户需求。例如，FedEx 利用数据分析来预测哪些客户需要多少货物及何时需要交货。使用数据分析系统来跟踪历史订单数据、客户行为和其他外部数据点，以预测未来需求并优化库存管理。

在线支付和订单跟踪：物流公司可以通过大数据技术来跟踪货物的位置和状态，并向客户提供即时更新服务。例如，顺丰通过物流大数据管理系统，可以提供实时货物追踪和物流信息查询服务。同时，使用手机应用 App，快递员可以接收订单、派送货物，用户可以进行在线支付。

智能仓储：物流公司可以使用大数据技术来优化仓储管理。例如，亚马逊使用机器学习和人工智能技术，预测哪些产品将会受到客户的欢迎，并在适当的地方存储这些产品。此外，物流公司还可以使用大数据技术来提高仓库效率，如自动化货架的使用提高了仓库空间利用率等。

大数据技术在物流行业中有着广泛应用。物流公司可以通过大数据技术实现更智能、更高效和更便捷的服务，提高客户满意度和业务收益。

（7）教育和研究机构。

大数据在教育和研究机构中的应用可以帮助学生、教师和研究人员更好地利用数据来改善教育和研究的效果，提高学生和研究人员的表现，并优化学校和研究机构的管理。以下是一些大数据在教育和研究机构中的应用和示例。

学生表现分析：大数据技术可以帮助学校更好地了解学生的表现，预测学生的学习成果，以及找出学生需要改进的领域。例如，学校可以利用大数据技术分析学生的出勤率、成绩、参与课外活动的情况等，以制订出个性化的教学计划，提高学生的表现。

教师表现分析：大数据技术也可以帮助学校了解教师的表现，包括教学质量、课堂出勤率、教学效果等。例如，学校可以利用大数据技术分析学生的评估结果、教师的学术成果等，以评估教师的表现，并提供相关培训和支持。

学生招募：大数据技术可以帮助学校招募更合适的学生。例如，学校可以利用大数据技术分析历史数据，以了解哪些类型的学生更有可能选择该学校，并根据这些数据来改善招生策略。

学术研究：大数据技术可以帮助研究人员在研究过程中发现新的信息。例如，研究人员可以利用大数据技术分析已有的研究成果、期刊论文、专利等数据，以找出新的研究领域或发现新的解决方案。

研究数据管理：大数据技术可以帮助研究人员更好地管理研究数据。例如，大数据技术可以帮助研究人员更快速、更有效地存储、访问和共享研究数据，以提高研究效率和准确性。

大数据在教育和研究机构中的应用可以帮助学校和研究人员更好地了解学生和研究成果，以制订更好的计划和提高效率。

总体而言，大数据的应用范围非常广泛，几乎覆盖所有行业。大数据的优势在于能够帮助企业和机构更好地理解消费者、优化业务流程、提高生产效率和控制风险等，从而提高竞争力和业务效益。

任务 1.3　认识开源工具

任务描述

了解 NodeMCU、Arduino IDE、EMQ X Broker、Hadoop、Kafka、Flink、Flask、MySQL、ECharts、Grafana、VS Code、IntelliJ IDEA、Maven 等开源工具及其在物联网大数据采集与处理过程中的作用。

关键步骤

（1）了解每种开源工具的基本特点及用途。

（2）了解每种开源工具在物联网大数据采集与处理过程中的作用。

1.3.1　NodeMCU

NodeMCU 是一款开源快速硬件原创平台，包括固件和开发板。它支持 Wi-Fi 功能，所以在物联网领域，Arduino 开发板的对手之一就是 NodeMCU 开发板，如图 1-3-1 所示。

图 1-3-1　NodeMCU 开发板

NodeMCU 开发板采用 Lua 脚本语言进行编程，支持通过串口或 Wi-Fi 进行编程和调试。它的尺寸大约为 49mm×24mm，有一个 USB 接口用于编程和供电，有多个 GPIO（通用输入/输出端口）用于连接各种传感器和外部设备。NodeMCU 通常有一些 LED 指示灯，用于显示设备的状态，如 Wi-Fi 连接状态等。NodeMCU 的价格因不同型号和供应商而异。需要注意的是，由于供应商不同，某些 NodeMCU 的质量可能也不同。此外，NodeMCU 有一些衍生品，如 Wemos D1 mini、Lolin 等，它们基本上与 NodeMCU 的外观和功能类似，但在一些细节上可能略有不同。

以下是一些 NodeMCU 的特点和应用。

（1）特点。

高性价比：NodeMCU 的价格相对较低，但其性能非常出色。

内存空间大：NodeMCU 板载 4MB 闪存，可用于存储 Lua 脚本、Web 服务器、HTML、CSS 等各种文件。

Wi-Fi 连接：NodeMCU 集成 ESP8266 芯片，内置 Wi-Fi 模块，可以轻松连接无线网络。

易于编程：NodeMCU 支持 Lua 脚本语言，这是一种简单易学的脚本语言，对初学者友好。

可扩展性：NodeMCU 支持 GPIO、PWM、I^2C、SPI 等多种扩展接口，可以轻松连接传感器、显示屏、电机等外部设备。

（2）应用。

物联网应用：NodeMCU 可以用来连接各种物联网设备，收集数据并将其上传到云端或本地服务器。

家庭自动化：NodeMCU 可以连接到各种智能家居设备上，如灯、窗帘、空调等，并通过手机 App 或 Web 界面进行控制。

机器人控制：NodeMCU 可以连接到各种机器人传感器上，通过编写 Lua 脚本实现对机器人的控制。

节能控制：NodeMCU 可以用来控制家庭电器，实现对能源的节约。

NodeMCU 是一款简单易用、功能强大的物联网开发平台，可以应用于各种物联网场景，包括家庭自动化、智能农业、智慧城市等。

实训：认识 NodeMCU 代码。

（1）连接路由器的示例代码。

```
print(wifi.sta.getip())
--nil
wifi.setmode(wifi.STATION)
wifi.sta.config("SSID","password")
print(wifi.sta.getip())
--192.168.18.110
```

（2）操作 I/O 的示例代码。

```
pin = 1
gpio.mode(pin,gpio.OUTPUT)
gpio.write(pin,gpio.HIGH)
gpio.mode(pin,gpio.INPUT)
print(gpio.read(pin))
```

（3）简单的 HTTP 客户端示例代码。

```
conn=net.createConnection(net.TCP, false)
conn:on("receive", function(conn, pl) print(pl) end)
conn:connect(80,"121.41.33.127")
conn:send("GET / HTTP/1.1\r\nHost: www.nodemcu.com\r\n"
.."Connection: keep-alive\r\nAccept: */*\r\n\r\n")
```

（4）简单的 HTTP 服务器端示例代码。

```
srv=net.createServer(net.TCP)
srv:listen(80,function(conn)
  conn:on("receive",function(conn,payload)
    print(payload)
    conn:send("<h1> Hello, NodeMcu.</h1>")
  end)
end)
```

（5）与传感器连接示例代码。

下面以温度传感器 DS18B20 为例，介绍与传感器连接示例代码。

```
--使用 DS18B20 读取温度
t=require("ds18b20")
t.setup(9)
addrs=t.addrs()
--假设有两个 DS18B20 模块
print(table.getn(addrs))
--第一个 DS18B20 模块
print(t.read(addrs[1],t.C))
print(t.read(addrs[1],t.F))
print(t.read(addrs[1],t.K))
--第 2 个 DS18B20 模块
print(t.read(addrs[2],t.C))
print(t.read(addrs[2],t.F))
print(t.read(addrs[2],t.K))
--只读
```

```
print(t.read())
--仅以摄氏度为单位进行读数
print(t.read(nil,t.C))
--用完需要释放
t = nil
ds18b20 = nil
package.loaded["ds18b20"]=nil
```

1.3.2　Arduino IDE

Arduino IDE（Integrated Development Environment）是一款开源的软件开发工具，专为 Arduino 开发板设计。它为用户提供了一个集成的开发环境，Arduino IDE 界面如图 1-3-2 所示，它可用于编写、编译和上传 Arduino 程序。

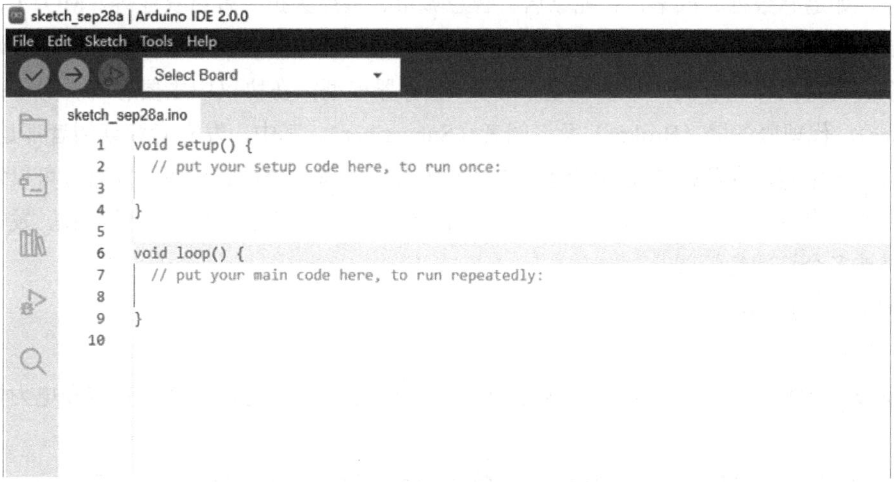

图 1-3-2　Arduino IDE 界面

以下是 Arduino IDE 的特点和用途。

（1）特点。

简单易用：Arduino IDE 界面简单直观，易于学习和使用。

跨平台：Arduino IDE 可在多个操作系统上运行，包括 Windows、mac OS 和 Linux 等。

具有丰富的库：Arduino IDE 包括丰富的库，可用于编写各种 Arduino 程序。

具有全面的文件：Arduino IDE 的文件包括用户手册、示例程序、代码库和参考手册等，可为用户提供全面的支持。

开源：Arduino IDE 是开源软件，用户可以查看和修改源代码。

（2）用途。

Arduino 程序开发：Arduino IDE 是一款专门为 Arduino 开发板设计的开发环境，用户可以在其中编写、编译和上传 Arduino 程序。

跨平台开发：Arduino IDE 可以在多个操作系统上运行，用户可以在任何平台上编写和调试 Arduino 程序。

库管理：Arduino IDE 包括各种库，用户可以通过库管理器轻松地安装、更新和删除库。

开源硬件开发：Arduino IDE 可用于开发开源硬件，用户可以编写代码，控制各种硬件设备。

总之，Arduino IDE 是一款简单易用、跨平台、开源的开发工具，为用户提供了一个集成的开发环境，可用于编写、编译和上传 Arduino 程序，对于学习和开发 Arduino 程序非常有用。

1.3.3　EMQ X Broker

MQTT（Message Queuing Telemetry Transport，消息队列遥测传输协议）是一种基于发布/订阅（Publish/Subscribe）模式的"轻量级"通信协议，该协议构建于 TCP/IP 协议上，由 IBM 于 1999 年发布。MQTT 可以以极少的代码和有限的带宽为远程连接设备提供实时、可靠的消息服务。作为一种低开销、低带宽占用的即时通信协议，MQTT 适合需要低功耗和网络带宽有限的物联网场景，如遥感数据、汽车、智能家居、智慧城市、医疗医护、智慧农业等。MQTT 协议提供一对多的消息发布服务，可以降低应用程序的耦合性，用户只需要编写极少量的应用代码就能完成一对多的消息发布与订阅，该协议基于客户-服务器模型，在协议中主要有三种身份：发布者（Publisher）、代理服务器（Broker）及订阅者（Subscriber）。其中，发布者和订阅者都是客户端，服务器只用于中转，将发布者发布的消息转发给所有订阅该主题的订阅者；发布者可以发布在其权限之内的所有主题，发布者同时可以是订阅者，这实现了生产者与消费者的脱耦，发布的消息可以同时被多个订阅者订阅。

MQTT 的特点和用途如下。

（1）特点。

轻量级：MQTT 是一种轻量级的协议，通信开销很小，因此适用于连接带宽和电力资源有限的设备。

发布/订阅模式：MQTT 基于发布/订阅模式，允许设备发布消息到主题（Topic），其他设备可以订阅这些主题，以接收消息。

灵活的 QoS（服务质量）：MQTT 提供三种不同级别的服务质量（QoS），以适应不同的应用场景，并确保消息传递的可靠性和准确性。

高效：MQTT 采用 TCP/IP 协议，能够在低带宽和不稳定的网络上高效地传输消息。

安全性：MQTT 支持 SSL/TLS 加密，可以保证消息的安全传输。

（2）用途。

物联网应用：MQTT 是一种非常流行的物联网通信协议，适用于物联网中设备之间的通信和数据交换。

远程监控：MQTT 可以用于监控远程设备的状态和性能指标，如温度、湿度、电量等。

智能家居：MQTT 可以用于智能家居中设备的通信和控制，如智能灯泡、智能门锁等。

传感器网络：MQTT 可以用于连接和管理传感器网络，如气象站、农业传感器等。

MQTT 通信模型如图 1-3-3 所示。

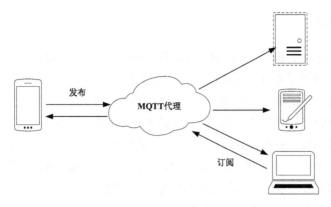

图 1-3-3　MQTT 通信模型

MQTT 客户端的功能如下。

（1）发布消息给其他相关的客户端。

（2）订阅主题，请求接收相关的应用消息。

（3）取消订阅主题，请求移除接收的应用消息。

（4）从服务端终止连接。

MQTT 服务器常被称为 MQTT Broker（消息代理），它的功能如下。

（1）接收来自客户端的网络连接请求。

（2）接收客户端发布的应用消息。

（3）处理客户端的订阅请求和取消订阅请求。

（4）转发应用消息给符合条件的已订阅客户端（包括发布者自身）。

EMQ X Broker 是基于 Erlang/OTP 平台开发的开源物联网 MQTT 消息服务器，EMQ X Broker 架构如图 1-3-4 所示。Erlang/OTP 是软实时（Soft-Realtime）、低延时（Low-Latency）、分布式（Distributed）的开发平台。EMQ X Broker 的设计目标是实现高可靠性，并支持承载了海量物联网终端的 MQTT 连接，以及支持海量物联网设备间的低延时消息路由。

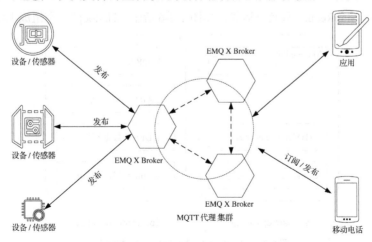

图 1-3-4　EMQ X Broker 架构

1.3.4 Hadoop

Hadoop 是由 Apache 基金会开发的分布式系统基础架构，主要解决海量数据的存储和分析计算问题，用户可以在不了解分布式底层细节的情况下开发分布式程序。从广义上来说，Hadoop 通常是指一个更加广泛的概念——Hadoop 生态圈，如图 1-3-5 所示。

Hadoop 的优势包括高可靠性（Hadoop 底层维护多个数据副本，因此即使 Hadoop 的某个计算元素或存储出现故障，也不会导致数据丢失）、高扩展性（在集群间分配任务数据，可以方便地扩展数以千计的节点）、高效性（在 MapReduce 的思想下，Hadoop 是并行工作的，以加快任务处理速度）及高容错性（能够自动将失败的任务重新分配）。

图 1-3-5　Hadoop 生态圈

Hadoop 的核心是 HDFS、YARN 和 MapReduce。在 Hadoop1.x 时代，Hadoop 中的 MapReduce 同时处理业务逻辑运算和进行资源调度，耦合性较大。在 Hadoop2.x 时代，增加了 YARN。YARN 只负责资源调度，MapReduce 只负责运算，如图 1-3-6 所示。Hadoop3.x 在组成上没有变化。

（a）Hadoop1.x 组成　　　（b）Hadoop2.x 组成

图 1-3-6　Hadoop1.x 和 Hadoop2.x 的区别

（1）HDFS（Hadoop 分布式文件系统）。

HDFS 是 Hadoop 体系中数据存储管理的基础。它是一个高度容错性（Fault-tolerant）的系统，能检测和应对硬件故障，用于在低成本（Low-cost）的通用硬件上运行。

HDFS 简化了文件的一致性模型，通过流式数据访问，提供高吞吐量（High Throughput）应用程序数据访问功能，适合带有大型数据集（Large Data Set）的应用程序。

HDFS 提供了一次写入、多次读取的机制，数据以块的形式同时分布在集群不同的物理机器上。

Hadoop 2 为 HDFS 引入了两个重要的新功能 ——Federation 和高可用（HA）。Federation 允许集群中出现多个 NameNode，多个 NameNode 之间相互独立，且不需要互相协调，它们各自分工，管理自己的区域。DataNode 被用作通用的数据块存储设备。每个 DataNode 要向集群中所有 NameNode 注册，并发送心跳报告，执行所有 NameNode 的命令。

HDFS 中的高可用性消除了 Hadoop1 中存在的单点故障，其中，NameNode 故障将导致集群中断。HDFS 的高可用性提供故障转移功能（备用节点从失败的主 NameNode 接管工作），以实现自动化。

（2）MapReduce（分布式计算框架）。

MapReduce 是一种基于磁盘的分布式并行批处理计算框架，用以进行大数据量的计算。它屏蔽了分布式计算框架细节，将计算抽象成 Map 和 Reduce 两部分。

其中，Map 对数据集上的独立元素进行指定操作，生成键值对形式的中间结果；Reduce 对中间结果中相同"键"的所有"值"进行规约，以得到最终结果。

MapReduce 非常适合在由大量计算机组成的分布式并行环境里进行数据处理。MapReduce 的工作过程如图 1-3-7 所示。

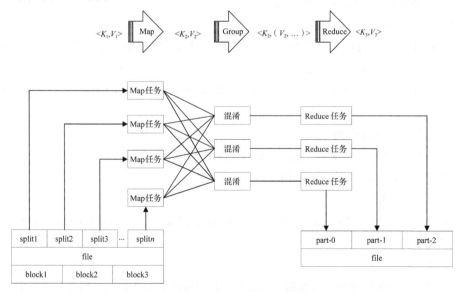

图 1-3-7　MapReduce 的工作过程

MapReduce 的工作流程大致可以分为 5 步，如图 1-3-8 所示。

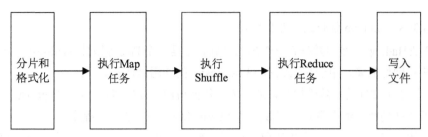

图 1-3-8　MapReduce 的工作流程

步骤 1：分片和格式化。

输入 Map 阶段的数据源，需要经过分片和格式化操作。

分片：将源文件划分为大小相等的小数据块（在 Hadoop2.x 中默认其大小为 128MB），Hadoop 会为每个分片构建一个 Map 任务（MapTask），并由该任务运行自定义的 map() 函数，从而处理分片中的每一条记录。

格式化：将划分好的分片格式化为键值对<key,value>形式的数据，其中，key 代表偏移量，value 代表每一行的内容。

步骤 2：执行 Map 任务。

每个 Map 任务都有一个内存缓冲区（缓冲区大小为 100MB），输入的分片数据经过 Map 任务处理后得到的中间结果会被写入内存缓冲区。

如果写入的数据达到内存缓冲区的阈值（80MB），会启动一个线程将内存缓冲区中的溢出数据写入磁盘，同时不会影响 Map 中间结果继续被写入内存缓冲区。

在溢写过程中，MapReduce 框架会对 key 进行排序，如果中间结果比较大，那么会形成多个溢写文件，最后的内存缓冲区数据也会全部被溢写入磁盘，形成一个溢写文件，若有多个溢写文件，则最后合并所有的溢写文件为一个文件。

步骤 3：执行 Shuffle。

在 MapReduce 工作过程中，将 Map 阶段处理的数据传递给 Reduce 阶段是 MapReduce 框架中关键的一步，这个过程叫作 Shuffle 。

Shuffle 会将 Map 任务输出的处理结果分发给 Reduce 任务，并在分发过程中对数据按 key 进行分区和排序。

步骤 4：执行 Reduce 任务。

输入 Reduce 任务的数据流是<key, {value list}>形式的，用户可以自定义 reduce()方法进行逻辑处理，最终以<key, value>的形式输出。

步骤 5：写入文件。

MapReduce 框架会自动把 Reduce 任务生成的<key, value>传入 OutputFormat 的 write()方法，实现文件的写入操作。

（3）YARN 架构。

YARN 是一个资源管理和调度系统，负责为运算程序提供服务器运算资源，相当于一个分布式的操作系统平台，而 MapReduce 等运算程序相当于运行于操作系统之上的应用程序。

YARN 的出现其实是为了弥补第一代 MapReduce 框架的不足（扩展性差、可靠性低、资源利用率低、不能支持多种计算框架），提高集群环境下的资源利用率，这些资源包括内存、磁盘、网络、I/O 等。Hadoop2.X 版本中重新设计的 YARN 集群具有更好的扩展性、可用性、可靠性、向后兼容性，并支持除 MapReduce 外的更多分布式计算程序。YARN 架构如图 1-3-9 所示，主要由 ResourceManager（RM，资源管理器）、NodeManager（NM，节点管理器）、ApplicationMaster（AM，应用程序管理器）和 Container（容器）等组件构成。

要使用一个 YARN 集群，首先需要一个包含应用程序的客户请求。RM 协商一个容器的必要资源，启动一个 AM 来表示已提交的应用程序。通过使用一个资源请求协议，AM 协商每个节点上供应用程序使用的资源容器。执行应用程序时，AM 监视资源容器直到应用程序完成。当应用程序完成时，AM 从 RM 注销其容器。

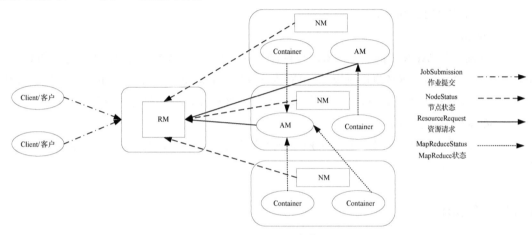

图 1-3-9　YARN 架构

① ResourceManager（RM）。

YARN 分层结构的核心是 RM，用于控制整个集群并管理应用程序对基础计算资源的分配。RM 将各种资源（计算、内存、带宽等）分配给基础 NM（YARN 的每个节点代理）。RM 还与 AM 一起分配资源，与 NM 一起启动和监视它们的基础应用程序。

RM 的作用如下：

a. 处理客户端请求；

b. 启动或监视 AM；

c. 监控 NM；

d. 资源的分配与调度。

② ApplicationMaster（AM）。

AM 管理在 YARN 内运行的每个应用程序实例。AM 负责协调来自 RM 的资源，并通过 NM 监视容器的执行和资源使用（如 CPU、内存等资源的分配）。请注意，尽管目前的资源更加传统（如 CPU、内存），但未来会带来基于当前任务的新资源类型（如图形处理单元或专用处理设备）。

AM 的作用如下：

a. 负责数据切分；

b. 为应用程序申请资源并分配给内部任务；

c. 对任务的监控与容错。

③ NodeManager（NM）。

NM 管理 YARN 集群中的每个节点。NM 提供针对集群中每个节点的服务，从监督对一个容器的终生管理到监视资源和跟踪节点的健康情况。MRv1 通过插槽管理 Map 任务、和 Reduce 任务的执行，而 NM 管理抽象容器，这些容器代表着可供一个特定应用程序使用的、针对每个节点的资源。

NM 的作用如下：

a. 管理单个节点上的资源；

b. 处理来自 RM 的命令；

c. 处理来自 AM 的命令。

④ Container。

Container 是 YARN 中的资源抽象，它封装了某个节点上的多维度资源，如内存、CPU、磁盘、网络等，当 AM 向 RM 申请资源时，RM 为 AM 返回的资源便是用 Container 表示的。YARN 会为每个任务分配一个 Container，且该任务只能使用该 Container 中描述的资源。

Container 的作用如下：

对任务运行环境进行抽象，封装 CPU、内存等多维度资源，以及环境变量、启动命令等任务运行的相关信息。

1.3.5 Kafka

Kafka 最初由 Linkedin 公司开发，是分布式的、支持分区的（Partition）、多副本的（Replica）、基于 Zookeeper 的分布式消息系统，它的最大特性就是可以实时处理大量数据，以满足各种需求场景，如日志收集、消息系统管理、对 Web 用户或 App 用户的活动跟踪、运营监控数据记录、流式处理等，Kafka 由 Scala 语言编写。Kafka 于 2010 年被捐赠给 Apache 基金会并成为顶级开源项目。

Kafka 的特性包括高吞吐量、低延迟（每秒可以处理几十万条消息，它的延迟最低只有几毫秒）、可扩展性（Kafka 集群支持热扩展）、持久性和可靠性（消息被持久化到本地磁盘，并且支持数据备份，以防止数据丢失）、容错性（允许集群中的节点失败，若副本数量为 n，则允许 $n-1$ 个节点失败）及高并发（支持数千个客户端同时读写）。

Kafka 持久化层本质上是一个"分布式的大规模发布/订阅消息队列"，这使它作为企业级基础设施来处理流式数据非常有价值。此外，Kafka 可以通过 Kafka Connect 连接外部系统（用于数据输入/输出），并提供了 Kafka Streams——一个 Java 流式处理库。Kafka 被超过 80%的世界 100 强公司信任并使用。

Kafka 可以高效地处理实时流式数据，实现与 Storm、HBase 和 Spark 的集成。Kafka 处理发布/订阅消息系统使用了四个 API，即生产者 API、消费者 API、Stream API 和 Connector API。它能够传递大规模流式消息，自带容错功能，已经取代了一些传统消息系统，如 JMS、AMQP 等。

Kafka 的基础架构如图 1-3-10 所示。

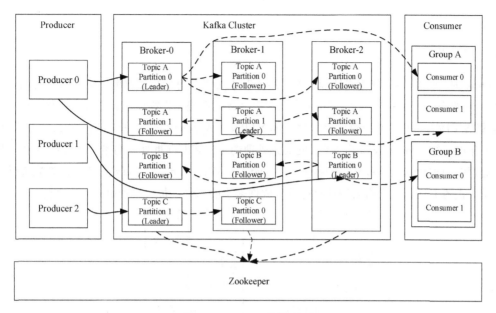

图 1-3-10　Kafka 的基础架构

Producer：生产者，是消息的产生者，即消息的入口。

Broker：Broker 是 Kafka 实例，每个服务器上有一个或多个 Kafka 实例，我们姑且认为每个 Broker 对应一台服务器。每个 Kafka 集群内的 Broker 都有一个不重复的编号，如图 1-3-10 中的 Broker-0、Broker-1 等。

Topic：消息的主题，可以理解为消息的分类，Kafka 的数据就保存在 Topic 中。在每个 Broker 上可以创建多个 Topic。

Partition：Topic 的分区，每个 Topic 可以有多个分区，分区的作用是保证负载均衡，提高 Kafka 的吞吐量。同一个 Topic 在不同分区中的数据是不重复的，Partition 的表现形式就是一个个文件夹。

Replication：每个分区都有多个副本。当主分区（Leader）发生故障的时候，会选择一个追随者（Follower）上位，成为 Leader。在 Kafka 中，默认副本的最大数量是 10 个，且副本的数量不能大于 Broker 的数量，Follower 和 Leader 必须在不同的机器上，同一个机器对同一个分区也只可能存放一个副本。

Message：发送的每条消息主体。

Consumer：消费者，即消息的消费方，是消息的出口。

Consumer Group：可以将多个消费者组成一个消费者组。在 Kafka 的设计中，同一个分区中的数据只能被消费者组中的某个消费者消费。同一个消费者组中的消费者可以消费同一个 Topic 的不同分区中的数据，这也是为了提高 Kafka 的吞吐量。

Zookeeper：Kafka 集群（Cluster）依赖 Zookeeper 来保存集群的元信息，以保证系统的可用性。

1.3.6　Flink

Flink 是一个框架和分布式处理引擎，用于在无边界和有边界数据流上进行有状态的计算，Flink 计算架构如图 1-3-11 所示。Flink 作为一个分布式系统，它需要计算资源来执行应用程序。Flink 集成了所有常见的集群资源管理器，如 YARN、Apache Mesos 和 Kubernetes，同时可以作为独立集群运行。Flink 分别提供了面向流式处理的接口和面向批处理的接口。Flink 提供了用于流式处理的 DataStream API 和用于批处理的 DataSet API。Flink 的分布式特点体现在它能够在成百上千个机器上运行，它将大型计算任务分成许多小的部分，每个机器执行一小部分。

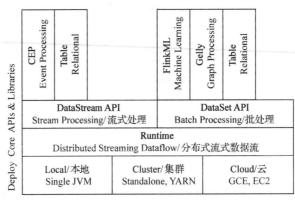

图 1-3-11　Flink 计算架构

（1）Flink 中的基础概念。

① JobManager。

JobManager 也称为 Master，用于协调分布式执行，它们用来调度 Task，协调检查点（CheckPoint），并在协调失败时恢复。Flink 运行时至少存在一个 Master 处理器，若配置高可用模式，则存在多个 Master 处理器，其中有一个是 Leader，其他都是 Standby。

② TaskManager。

TaskManager，也称为 Worker，用于执行一个数据流的 Task（或者特殊的 SubTask）、数据缓冲和 DataStream 的交换，Flink 运行时至少存在一个 Worker 处理器。

Master 和 Worker 处理器可以直接在物理机上启动或通过像 YARN 这样的资源调度框架启动。Worker 连接到 Master 上，告知 Master 其自身的可用性，进而获得任务分配，如图 1-3-12 所示。

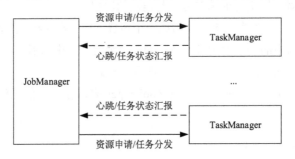

图 1-3-12　JobManager 和 TaskManager

③ 无界数据流。

无界数据流有一个开始但是没有结束，它们不会在生成时终止，并提供数据，必须连续处理无界数据流，即必须在获取后立即处理事件。处理无界数据通常要求以特定顺序获取 Event，以便能够推断结果的完整性。对无界数据流的处理称为流式处理。

④ 有界数据流。

有界数据流有明确定义的开始和结束。可以在执行任何计算之前通过获取所有数据来处理有界数据流，处理有界数据流不需要有序获取数据，因为可以始终对有界数据进行排序。对有界数据流的处理称为批处理。

（2）Flink 任务提交流程。

下面以 YARN 模式为例展示任务提交流程，如图 1-3-13 所示。Flink Client 向 HDFS 上传 Flink 的 jar 包和配置文件，之后向 RM 提交任务，RM 分配容器资源并通知对应的 NM 启动 AM，AM 启动后加载 Flink 的 jar 包和配置文件构建环境，然后启动 JobManager，之后 AM 向 RM 申请资源，启动 TaskManager，RM 分配容器资源后，由 AM 加载 Flink 的 jar 包、配置文件构建环境并启动 TaskManager，TaskManager 启动后向 JobManager 发送心跳包，并等待 JobManager 向其分配任务。

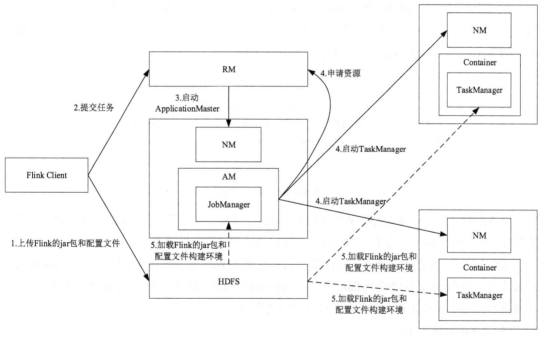

图 1-3-13　YARN 模式的任务提交流程

1.3.7　Flask

Flask 是一个使用 Python 编写的轻量级 Web 应用框架。Flask 只是一个内核，默认依赖于两个外部库：Jinja2 模板引擎和 Werkzeug WSGI 工具集。其特点包括内置开发服务器和快速调试器、集成支持单元测试、RESTful 可请求调度、支持安全 Cookie（客户端会话）、符合 WSGI 1.0、基于 Unicode 等。

相较其他同类型框架，Flask 更加灵活、轻便、安全，且容易上手。它可以很好地结合 MVC 模式进行开发。另外，Flask 有很强的定制性，用户可以根据自己的需求来添加相应的功能，在保持核心功能简单的同时可实现功能的丰富与扩展，其强大的插件库可以让用户定制个性化的 Web 应用，开发出功能强大的 Web 应用。

Flask 的扩展包有 Flask-SQLalchemy（操作数据库）、Flask-Migrate（管理迁移数据库）、Flask-Mail（邮件）、Flask-WTF（表单）、Flask-Script（插入脚本）、Flask-Login（认证用户状态）、Flask-RESTful（开发 REST API 的工具）、Flask-Bootstrap（集成前端 Twitter Bootstrap 框架）、Flask-Moment（本地化日期和时间）。

（1）Jinja2 模板引擎。

Jinja2 是一个用 Python 编写的功能齐全的模板引擎。它有完整的 Unicode 支持，有一个可选的集成沙箱执行环境，被广泛使用，以 BSD 许可证授权。其特点包括在沙箱中执行，具有强大的 HTML 自动转义系统可保护系统免受 XSS 攻击，模板可继承，及时编译最优的 Python 代码，可选提前编译模板的时间，易于调试，异常的行数直接指向模板中的对应行，可配置的语法等。

（2）Werkzeug WSGI 工具集。

Werkzeug 是一个 WSGI（Web Server Gateway Interface）工具集，可以作为一个 Web 框架的底层库。WSGI 作为一个规范，定义了 Web 服务器如何与 Python 应用进行交互，使得使用 Python 编写的 Web 应用可以和 Web 服务器对接，如图 1-3-14 所示。

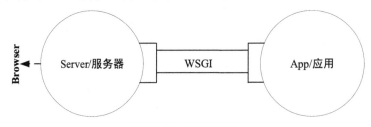

图 1-3-14　WSGI 作用

服务器端调用应用端需要以 WSGI 为桥梁，因此 WSGI 定义了应用可调用对象，以提供服务器端和应用端间的通信，这个可调用对象既可以是函数，也可以是类。

WSGI 隐藏了很多 HTTP 相关的细节，其目的是让 Web 服务器知道如何调用 Python 应用，并且将客户端 Request 传递给 Python 应用；让 Python 应用能理解客户端 Request 并执行对应操作，以及将执行结果返回给 Web 服务器，最终响应到客户端。

（3）Flask 的基本模式。

Flask 的基本模式：在程序里将一个视图函数分配给一个 URL，每当用户访问这个 URL 时，系统就会执行给该 URL 分配好的视图函数，获取函数的返回值并将其显示到浏览器上。Flask 框架的工作过程如图 1-3-15 所示。

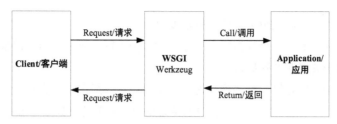

图 1-3-15　Flask 框架的工作过程

下面介绍一个 Flask 的简单示例（hello.py）：

```python
# 导入 Flask 模块
from flask import Flask, render_template

# 定义变量 app 来存储 Flask 对象
app = Flask(__name__)
@app.route('/hello')
def hello():
  # 使用 Flask 的方法 render_template 来返回值
  # render_template 用来渲染的 html 必须要放在一个叫作 templates 的文件夹中，在这里可以使用
  # 相对路径
  return render_template('hello.html')
```

hello.html 代码如下：

```html
<!DOCTYPE html>
<html>
<head>
  <title>Hello World!</title>
</head>
<body>
  <h1>Hello, World!</h1>
  <p>Welcome to my website!</p>
</body>
</html>
```

1.3.8　MySQL

在 Web 应用方面，MySQL 是最好的 RDBMS（Relational Database Management System，关系数据库管理系统）应用软件之一。

数据库（Database）是按照数据结构来组织、存储和管理数据的仓库，每个数据库都有一个或多个不同的 API，用于创建、访问、管理、搜索和复制所保存的数据。也可以将数据存储在文件中，但是在文件中读写数据速度相对较慢。

（1）RDBMS 术语。

数据库：数据库是一些关联表的集合。

数据表：数据表是数据的矩阵。数据库中的数据表看起来像一个简单的电子表格。

列：一列（数据元素）相同类型的数据，如邮政编码的数据。

行：一行（元组或记录）是一组相关的数据，如一条用户订阅的数据。

冗余：存储两倍数据，冗余可以使系统速度更快。

主键：主键是唯一的，一个数据表中只能包含一个主键，可以使用主键来查询数据。

外键：外键用于关联两个数据表。

复合键：复合键（组合键）将多列作为一个索引键，一般用于复合索引。

索引：使用索引可快速访问数据库表中的特定信息。索引是对数据库表中一列或多列的值进行排序的一种结构，类似于书籍的目录。

参照完整性：参照完整性要求关系中不允许引用不存在的实体。参照完整性与实体完整性是关系模型必须满足的完整性约束条件，其目的是保证数据的一致性。

MySQL 是一种关系数据库管理系统，关系数据库将数据保存在不同的数据表中，而不是将所有数据放在一个"大仓库"内，这样就增加了访问速度并提高了灵活性。MySQL 是开源的，使用标准的 SQL（Structured Query Language）。MySQL 支持多种编程语言，如 C、C++、Python、Java、Perl、PHP、Eiffel、Ruby 和 Tcl 等。MySQL 支持大型数据库，支持 5000 万条记录，32 位系统最大可支持的表文件为 4GB，64 位系统最大可支持的表文件为 8TB。MySQL 可以定制，采用 GPL 协议可以修改源码来开发自己的 MySQL 系统。

（2）MySQL 架构。

MySQL 架构如图 1-3-16 所示，其架构自顶向下大致可以分为网络连接层、数据库服务层、存储引擎层和系统文件层四大部分。

① 网络连接层。

网络连接层位于整个 MySQL 体系架构的最上层，主要担任客户端连接器的角色。提供与 MySQL 服务器建立连接的功能，几乎支持所有主流的服务器语言，如 Java、C、C++、Python 等，各种语言都是通过各自的 API 接口与 MySQL 建立连接的。

② 数据库服务层。

数据库服务层是整个数据库服务器的核心，主要包括系统管理和控制工具、连接池、SQL 接口、解析器、查询优化器和缓存等部分。

其中，连接池主要负责存储和管理客户端与数据库的连接信息，连接池里的一个线程负责管理一个客户端到数据库的连接信息。系统管理和控制工具提供管理和控制功能，如对数据库中的数据进行备份和恢复，保证整个数据库的安全性，提供安全管理，对整个数据库的集群进行协调和管理等。SQL 接口主要负责接收客户端发送过来的各种 SQL 命令，将 SQL 命令发送到其他部分，并接收其他部分返回的结果数据，将结果数据返回给客户端。解析器主要通过关键字对 SQL 语句进行解析并生成一棵对应的"解析树"，然后根据 MySQL 中的一些规则对"解析树"进行进一步的语法验证，确认其是否合法。如果"解析树"通过了解析器的语法检查，此时就会由查询优化器将其转化为执行计划，然后与存储引擎进行交互，通过存储引擎与底层的数据文件进行交互。MySQL 的缓存是由一系列的小缓存组成的，如表缓存、记录缓存、权限缓存、引擎缓存等。

③ 存储引擎层。

MySQL 中的存储引擎层主要负责数据的写入和读取，与底层的文件进行交互。MySQL 中的存储引擎是插件式的，服务器中的查询执行引擎通过相关的接口与存储引擎进行通信，同时，接口屏蔽了不同存储引擎之间的差异。在 MySQL 中，最常用的存储引擎就是 InnoDB 和 MyISAM。

　　④ 系统文件层。

　　系统文件层主要包括系统文件和 MySQL 中存储数据的底层文件，与上层的存储引擎进行交互，是文件的物理存储层，主要有日志文件、数据文件、配置文件、MySQL 的进程 pid 文件和 socket 文件等。

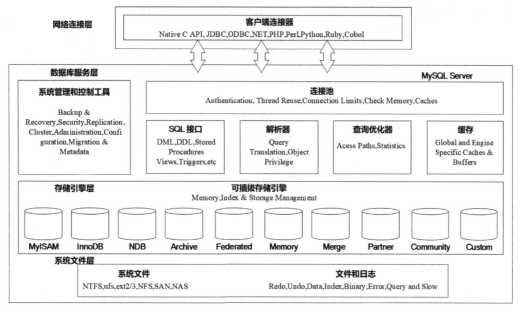

图 1-3-16　MySQL 架构

（3）MySQL 管理。

可以使用命令行工具管理 MySQL 数据库（命令为 mysql 和 mysqladmin，用来取代旧有的 MySQL Administrator 和 MySQL Query Browser），也可以从 MySQL 的网站下载图形管理工具 MySQL Workbench。

Navicatfor MySQL 是一套专为 MySQL 设计的强大数据库管理及开发工具。它可以用于任何版本的 MySQL 数据库，并支持大部分 MySQL 的功能，包括触发器、索引、查看等。

phpMyAdmin 是由 PHP 写成的 MySQL 数据库系统管理程序，让管理者可用 Web 接口管理 MySQL 数据库。使用 phpMyAdmin 可以方便地创建、修改、删除数据库及数据表。

phpMyBackupPro 也是由 PHP 写成的，可以通过 Web 接口创建和管理数据库。它可以创建伪 cronjobs，可以用来自动在某个时间或周期备份 MySQL 数据库。

1.3.9　ECharts

ECharts 是一款基于 JavaScript 的数据可视化图表库，最初由百度团队开源，并于 2018 年初被捐赠给 Apache 基金会，成为 ASF 孵化级项目。ECharts 可以流畅地运行在 PC 和移动设备上，兼容当前绝大部分浏览器（如 IE9/10/11、Chrome、Firefox、Safari 等），底层依赖矢量图形库 ZRender，提供直观、交互丰富、高度个性化定制的数据可视化图表。

ECharts 提供了常规的折线图、柱状图、散点图、饼图、K 线图，以及用于统计的盒形图，用于地理数据可视化的地图、热力图、线图，用于关系数据可视化的关系图、treemap、旭日图，用于多维数据可视化的平行坐标，还有用于 BI 的漏斗图、仪表盘，并且支持图与图之间的混搭。ECharts 内置的 dataset 属性（4.0+）支持直接传入包括二维表、key-value 等多种格式的数据源，通过简单地设置 encode 属性就可以完成从数据到图形的映射，省略了大部分场景下数据转换的步骤，而且多个组件能够共享一份数据。ECharts 示例如图 1-3-17 所示。

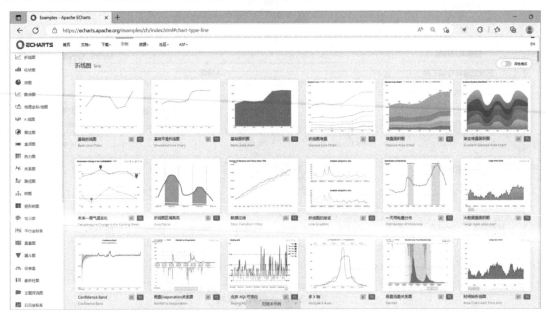

图 1-3-17　ECharts 示例

1.3.10　Grafana

Grafana 是一种开源的可视化平台，可用于监视和分析各种指标，如服务器性能、网络流量、传感器数据、应用程序指标等。Grafana 是由 TorkelÖdegaard 于 2014 年创建的，现在已经成为一种被广泛使用的监控和可视化工具。Grafana 官方网站如图 1-3-18 所示。

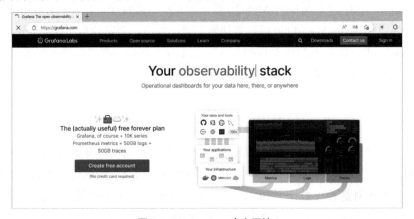

图 1-3-18　Grafana 官方网站

以下是 Grafana 的主要特点和功能。

支持多种数据源：Grafana 支持的数据源包括 Prometheus、InfluxDB、Graphite、Elasticsearch、MySQL 等。这使得 Grafana 可以与各种数据存储系统和 API 进行交互。

灵活的查询语言：Grafana 使用类似 SQL 的查询语言来检索数据。这种查询语言很灵活，可以针对不同的数据源进行调整和优化。

可视化面板：Grafana 提供了丰富的可视化面板，包括折线图、条形图、饼图、表格等，用户可以根据需要选择合适的面板类型。

警报功能：Grafana 可以根据设定的条件和阈值生成警报。该功能可以帮助用户及时发现问题并进行处理。

插件支持：Grafana 支持大量的插件，包括数据源插件、面板插件、警报通知插件等，其插件生态系统为用户提供了更多的功能和更强的灵活性。

团队协作：Grafana 支持团队协作，用户可以分享面板和仪表板给其他用户，并且可以为不同的用户分配不同的权限。

Grafana 是一种功能强大、灵活多样的可视化平台，它可以帮助用户监视和分析各种指标，从而更好地理解和优化其系统和应用程序的性能。

1.3.11 VS Code

Visual Studio Code（VS Code）是由微软开发的一款免费的源代码编辑器。它是一款轻量级的代码编辑器，具有跨平台、高度可定制化和丰富的插件生态系统等特点。

VS Code 的一些主要特点和功能如下。

跨平台：VS Code 可以在 Windows、macOS 和 Linux 等操作系统上运行。

丰富的插件生态系统：VS Code 拥有一个庞大的插件市场，开发者可以根据自己的需要自由地安装和卸载插件，这些插件可以为开发者提供更好的开发体验。开发者可以通过命令面板或应用商店来搜索和安装插件。

内置调试器：VS Code 内置调试器，可用于多种编程语言，如 JavaScript、TypeScript、Python 等，让开发者更轻松地进行调试。

代码片段和自动补全：VS Code 具有强大的代码片段和自动补全功能，可根据开发者输入的内容自动推荐代码片段和函数，代码智能补全如图 1-3-19 所示。

可与 Git 集成：VS Code 可与 Git 集成，可以方便地进行版本控制、查看文件差异和提交更改。

多重编辑：VS Code 可以同时编辑多个文件，让开发者更轻松地切换代码文件。

快速导航：VS Code 可以通过快速导航（如文件导航器、搜索、查找和替换等）来帮助开发者快速地查找和定位代码。

支持多种编程语言：VS Code 支持多种编程语言，如 JavaScript、TypeScript、Python、C# 等。

VS Code 是一款功能强大的源代码编辑器，具有众多强大的功能，它可以为开发者提供高效和愉悦的编码体验。

图 1-3-19 代码智能补全

1.3.12 IntelliJ IDEA

IntelliJ IDEA 是一款由 JetBrains 公司开发的集成开发环境（IDE），IntelliJ IDEA 界面如图 1-3-20 所示，旨在提高 Java 和其他编程语言的开发效率。

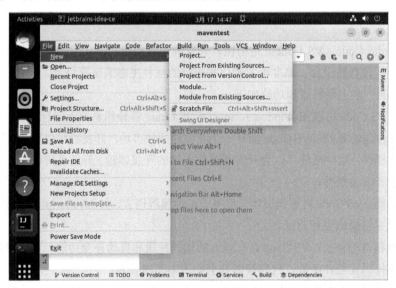

图 1-3-20 IntelliJ IDEA 界面

IntelliJ IDEA 的功能如下。

代码自动完成：支持快速自动完成代码、方法名、变量名、类名、模板等。它会分析代码，提供可能性最大的选项，并自动补全。

代码导航：通过快速代码导航功能，IntelliJ IDEA 可以让用户轻松地在代码间跳转。使用这个功能，可以跳转到代码的定义、使用、继承等。

重构：拥有多种重构功能，可以在不影响代码质量和功能的情况下对代码进行更改。

代码检查：可以通过代码检查功能，检查代码是否符合编码标准，减少代码错误和调试时间。

版本控制：集成了多种版本控制系统，包括 Git、SVN、Mercurial 等。

数据库支持：可以连接多种数据库，支持用 SQL 编写和调试程序。

测试：集成了多种测试框架，支持自动化测试和单元测试。

插件支持：支持丰富的插件，可以扩展其功能和支持多种编程语言。

IntelliJ IDEA 的优点如下。

高效：通过代码自动完成、导航、重构等功能提高了开发效率。

可扩展性：支持多种编程语言和插件，可以根据需要进行扩展。

质量：通过代码检查等功能帮助开发人员减少代码错误和调试时间。

社区：拥有庞大的用户社区，可以获得丰富的资源。

IntelliJ IDEA 的缺点如下。

学习曲线：由于功能强大，因此使用起来可能需要一定的学习时间和经验。

总结

IntelliJ IDEA 是一款功能强大的集成开发环境，适合 Java 和其他编程语言的开发。它提供了丰富的功能和插件支持，可帮助开发人员提高效率和代码质量。

1.3.13　Maven

Maven 是一个开源的项目管理和构建工具，它可以自动化管理 Java 项目的构建、依赖管理和文件发布等过程。Maven 基于项目对象模型（POM）的概念来管理项目，并提供了一组插件来执行常见的构建任务。

Maven 也可用于构建和管理各种项目，如由 C#、Ruby、Scala 和其他语言编写的项目。Maven 曾是 Jakarta 项目的子项目，现为由 Apache 基金会主持的独立 Apache 项目。Maven 能够帮助开发者完成构建、文件生成、报告、依赖管理、源代码管理、发布、分发、邮件列表等工作。Maven 提倡使用一个共同的标准目录结构。Maven 使用约定优于配置的原则。Maven 标准目录结构如表 1-3-1 所示。

表 1-3-1　Maven 标准目录结构

目　　录	目　　的
${basedir}	存放 pom.xml 和所有的子目录
${basedir}/src/main/java	项目的 Java 源代码
${basedir}/src/main/resources	项目的资源，如 property 文件，springmvc.xml
${basedir}/src/test/java	项目的测试类，如 Junit 代码
${basedir}/src/test/resources	测试用的资源
${basedir}/src/main/webapp/WEB-INF	Web 应用文件目录，存放 web.xml、本地图片、jsp 视图页面
${basedir}/target	打包输出目录
${basedir}/target/classes	编译输出目录
${basedir}/target/test-classes	测试编译输出目录
Test.java	Maven 只会自动运行符合该命名规则的测试类
~/.m2/repository	Maven 默认的本地仓库目录位置

以下是 Maven 的一些主要特点。

依赖管理：Maven可以自动下载并管理项目所依赖的所有库和框架，使得项目构建过程更加简单和可靠。用户只需要在项目的POM文件中指定依赖信息，Maven就会自动下载并管理这些依赖。

统一的项目结构：Maven提供了一套统一的项目结构和标准化的构建过程，使得不同的项目之间更容易互相协作和共享资源。

插件化架构：Maven采用插件化架构，允许用户自定义和扩展构建过程。用户可以使用Maven提供的默认插件来执行常见的构建任务，也可以编写自己的插件来扩展Maven的功能。

自动化构建：Maven可以自动化执行项目的构建过程，包括编译、测试、打包、部署等。用户只需要执行简单的命令，Maven就会自动完成所有的构建工作。

多项目支持：Maven可以管理多个项目之间的依赖关系，使得不同的项目之间更容易共享代码和资源。用户可以使用Maven创建一个父项目，然后将多个子项目作为其依赖项。

文件生成：Maven可以自动生成项目的文件和报告，包括测试报告、代码覆盖率报告等。用户只需要使用Maven提供的插件，就可以方便地生成各种报告和文件。

Maven是一个功能强大、易于使用、灵活可扩展的项目管理和构建工具，它可以大大简化Java项目的构建和依赖管理过程，并提高开发效率和代码质量。

小结

本章首先介绍了物联网和大数据的基本概念，以及典型应用场景，其次介绍了多种开源工具。学习本章内容能够帮助读者系统地了解物联网大数据采集与处理过程中涉及的各种开源工具，进而为后续章节的实训奠定基础。

习题

1.1　请设计一个大学校园的相关物联网应用场景。

1.2　请设计一个大学校园的相关大数据应用场景。

第2章
物联网数据采集

技能目标

◎ 能够使用 NodeMCU 和常见传感器组建一个简单的物联网环境。

◎ 能够部署物联网数据采集所需要的软件开发环境。

◎ 能够进行 NodeMCU 编程。

本章任务

学习本章，读者需要完成以下任务。

任务 2.1 组建物联网环境：使用 NodeMCU 和常见传感器组建一个简单的物联网环境。

了解传感器的定义、组成部分、种类及应用领域；掌握通过 NodeMCU 连接传感器组建物联网环境的方法。

任务 2.2 部署软件开发环境：部署进行物联网数据采集所需要的软件开发环境。

能够安装和配置 EMQ X Broker 和 Arduino IDE。

任务 2.3 NodeMCU 编程。

能够对 NodeMCU 编程，以连接 EMQ X Broker；掌握读取 DHT11 温湿度传感器数据的方法和示例。掌握使用 PubSubClient 库向 MQTT 服务器的特定数据主题发布消息的方法及传感器数据发布示例，并能融会贯通。

任务 2.1 组建物联网环境

任务描述

了解传感器的定义、组成部分、种类及应用领域；掌握通过 NodeMCU 连接传感器组建物联网环境的方法，使用 NodeMCU 和常见传感器组建一个简单的物联网环境。

（1）认识传感器，了解传感器的定义、组成部分、种类及应用领域。

（2）使用杜邦线连接 NodeMCU、DHT11 温湿度传感器和人体红外传感器的对应引脚，组建一个简单的物联网环境。

2.1.1　认识传感器

传感器（Sensor）是一种能够监测物理量、化学量、生物量等各种信号的装置，其将这些信号转化为电信号或其他形式的信号并输出。传感器可以测量温度、湿度、压力、流量、位置、速度、加速度、重力、光强度、声音、磁场、化学成分等。传感器在现代化生产和科学研究中起着重要的作用，它能够实现实时监测和控制，可以提高生产效率和产品质量，保障人们的安全和健康。

传感器一般由敏感元件、转换元件、变换电路和辅助电源四部分组成。其中，敏感元件是最重要的部分，直接接收被测量的信号，用于输出物理量信号。转换元件将敏感元件输出的物理量信号转换为电信号。变换电路用于对电信号进行放大、调制等处理。辅助电源为系统提供能量。

传感器的种类非常多，根据其测量的物理量和工作原理不同，可以分为热敏传感器、光敏传感器、湿敏传感器、气敏传感器、力敏传感器、声敏传感器、磁敏传感器、色敏传感器、味敏传感器等。传感器的特点包括微型化、数字化、智能化、多功能化、系统化、网络化等，这些特点使得传感器的应用领域更加广泛。

传感器的应用领域包括工业生产、宇宙探索、海洋探测、环境保护、资源调查、医学诊断、生物工程、文物保护等。传感器的发展让物体变得更加智能化和活跃，为人类社会的发展做出了重要的贡献。传感器示例如图 2-1-1 所示。

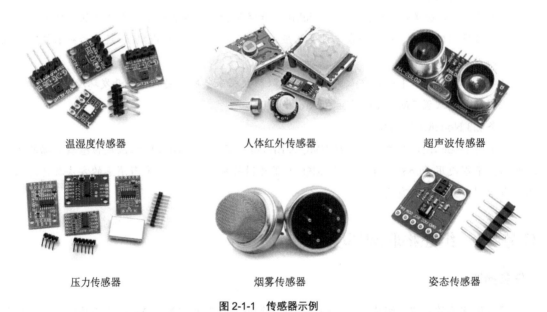

温湿度传感器　　　　　　　人体红外传感器　　　　　　　超声波传感器

压力传感器　　　　　　　烟雾传感器　　　　　　　姿态传感器

图 2-1-1　传感器示例

2.1.2　NodeMCU 连接传感器

本小节分别以 DHT11 温湿度传感器和人体红外传感器为例演示如何利用 NodeMCU 连接传感器，以组建一个简单的物联网环境，如图 2-1-2 所示。

如图 2-1-3 所示，DHT11 温湿度传感器有 3 个引脚，其中"+"引脚代表电源正极，接入 NodeMCU 的 3.3V 引脚处，"out"引脚代表数据输出端口，在本示例中接入 NodeMCU 的 D1 引脚处，"-"代表传感器接地引脚，将其接入 NodeMCU 的 GND 引脚即可。

人体红外传感器的接法与 DHT11 类似，如图 2-1-4 所示，将传感器的正负极分别接入 NodeMCU 的 3.3V 和 GND 引脚处，将数据引脚接入 D2 口。

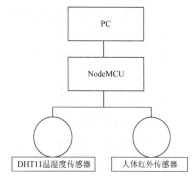

图 2-1-2　简单物联网环境

图 2-1-3　DHT11 温湿度传感器

图 2-1-4　人体红外传感器

任务 2.2　部署软件开发环境

任务描述

在任务 2.1 中介绍了利用 NodeMCU 组建简单物联网环境的方法。本任务以 Ubuntu 系统为例，要求能够独立地安装和配置 EMQ X Broker 和 Arduino IDE，如图 2-2-1 所示。

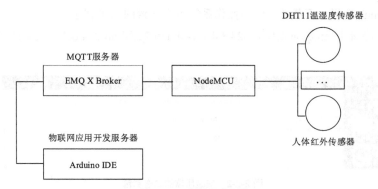

图 2-2-1　软件开发环境

关键步骤

（1）安装和配置 EMQ X Broker。

- 安装所需要的依赖包。
- 添加 EMQ X Broker 的官方 GPG 密钥。
- 验证密钥。
- 设置 stable 存储库。
- 更新 apt 包索引。
- 安装最新版本的 EMQ X Broker。
- 启动 EMQ X Broker。
  - ➢ 通过 sudoemqx start 命令启动 EMQ X Broker。
  - ➢ 通过 sudosystemctl startemqx 命令启动 EMQ X Broker。
  - ➢ 通过 sudo service emqx start 命令启动 EMQ X Broker。
- 通过 sudoemqx stop 命令停止 EMQ X Broker。
- 通过 sudo apt remove emqx 命令卸载 EMQ X Broker。

（2）安装和配置 Arduino IDE。

- 在 Arduino 官方网站下载最新版安装包。
- 通过 mkdir ~/arduino&& cd ~/arduino 命令新建 Arduino IDE 安装目录并进入此目录。
- 通过 tar -xvf ~/Downloads/arduino.tar.xz --strip 1 命令解压安装包到 Arduino IDE 安装目录中。
- 通过 sudochmod +x install.sh 命令赋予安装脚本执行权限。
- 通过 sudo ./install.sh 命令运行安装脚本。
- 配置 Additional Boards Manager URLs。
- 添加 ESP8266 相关开发板。

2.2.1　安装配置 EMQ X Broker

EMQ X Broker 消息服务器支持 MQTT V3.1/V3.1.1/V5.0 版本协议规范，并支持 MQTT-SN、WebSocket、CoAP、LwM2M、Stomp 及私有 TCP/UDP 协议。

（1）从 Github 选择、下载并安装与操作系统版本一致的二进制包。

此处使用的版本是 emqx-4.4.16-otp24.3.4.2-1-ubuntu22.04-amd64.deb，安装所需的二进制包，如图 2-2-2 所示。

图 2-2-2　安装所需的二进制包

运行以下命令，安装 EMQ X Broker，如图 2-2-3 所示。

```
sudodpkg -i emqx-4.4.16-otp24.3.4.2-1-ubuntu22.04-amd64.deb
```

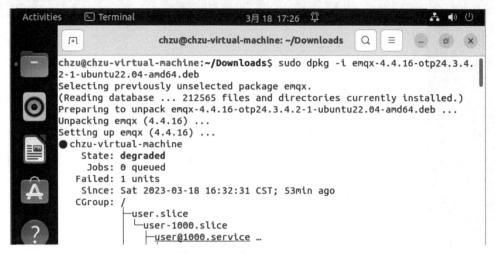

图 2-2-3　安装 EMQ X Broker

（2）启动 EMQ X Broker。

通过 sudo emqx start 命令启动 EMQ X Broker，如图 2-2-4 所示。

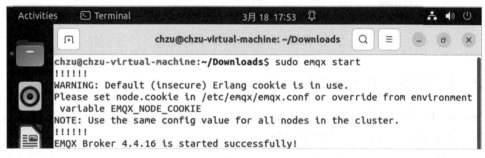

图 2-2-4　启动 EMQ X Broker

通过 sudo emqx_ctl status 命令查看 EMQ X Broker 状态，如图 2-2-5 所示。

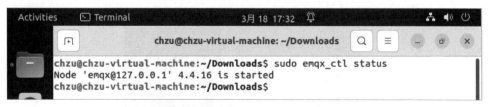

图 2-2-5　查看 EMQ X Broker 状态

（3）进入 Web 界面。

在浏览器中输入 localhost:18083/#/，输入用户名 admin 和密码 public 后进入 Web 界面，如图 2-2-6 所示。

（4）停止 EMQ X Broker。

通过 sudo emqx stop 命令停止 EMQ X Broker，如图 2-2-7 所示。

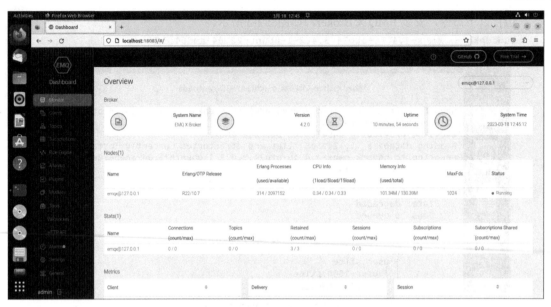

图 2-2-6　EMQ X Broker Web 界面

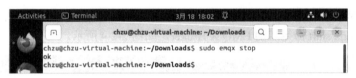

图 2-2-7　停止 EMQ X Broker

2.2.2　安装配置 Arduino IDE

Arduino IDE 可以安装在 Windows、mac OS、Linux 等不同操作系统中。本小节以 Ubuntu 系统为例介绍 Arduino IDE 的安装和配置过程。

（1）下载 Arduino 最新版安装包。

在 Arduino 官网下载最新版安装包，Arduino 官方网站下载界面如图 2-2-8 所示。

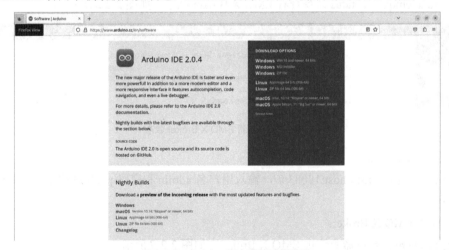

图 2-2-8　Arduino 官方网站下载界面

选择对应操作系统版本安装包下载即可，安装文件如图 2-2-9 所示。

图 2-2-9　安装文件

（2）安装 Arduino IDE。

① 安装 AppImage 运行环境。

对于 Ubuntu（版本为 22.0.4 或高于 22.0.4）执行以下两条命令安装 AppImage 运行环境，如图 2-2-10 和图 2-2-11 所示。

```
sudo add-apt-repository universe
sudo apt install libfuse2
```

图 2-2-10　执行 sudo add-apt-repository universe 命令

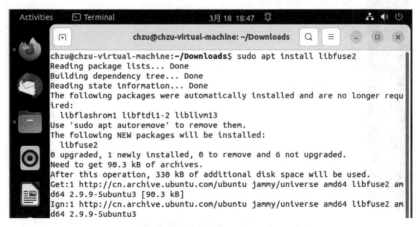

图 2-2-11　执行 sudo apt install libfuse2 命令

② 运行 AppImage 文件。

安装 AppImage 运行环境后，通过 ./arduino-ide_2.0.4_Linux_64bit.AppImage 命令安装 Arduino IDE，如图 2-2-12 所示。

图 2-2-12　安装 Arduino IDE

至此便完成了 Arduino IDE 的安装，Arduino IDE 界面如图 2-2-13 所示，接下来需要进行配置，以支持 NodeMCU 的开发。

图 2-2-13　Arduino IDE 界面

（3）配置 Additional boards manager URLs。

打开 Arduino IDE，选择"File"→"Preferences"。在打开的对话框的"Additional boards manager URLs"输入框中填写以下链接：http://arduino.esp8266.com/stable/package_esp8266com_index.json，如图 2-2-14 所示。

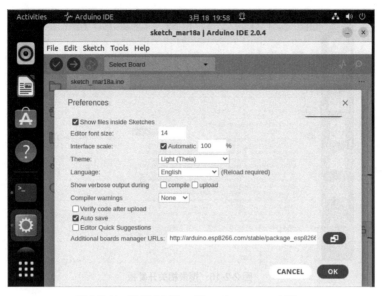

图 2-2-14　设置 Additional boards manager URLs

点击"OK"按钮后对话框关闭。

（4）添加 ESP8266 相关开发板。

再次选中"Tools"→"Board: "Arduino Uno""，选中"BOARDS MANAGER"开发板管理器，打开新的窗口，如图 2-2-15 所示。

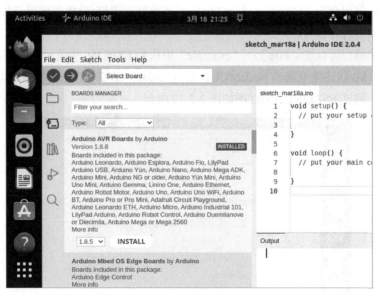

图 2-2-15　"BOARDS MANAGER"开发板管理器

在开发板管理器上部的搜索栏输入"esp8266"，搜索相关开发板，如图 2-2-16 所示。

点击"INSTALL"按钮安装，安装完成后将开发板切换到 NodeMCU 1.0（ESP-12E Module），就可以使用 Arduino IDE 对 NodeMCU 进行代码开发及代码烧写操作了。

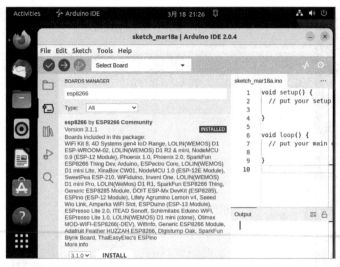

图 2-2-16 搜索相关开发板

由于开发板用的是串口转 USB 芯片 CH340，因此在开发前需要确认计算机中是否有 CH340 串口的驱动器，可以在下载安装相应驱动器后到设备管理器确认。

在开发过程中可能会遇到 USB 接口操作权限错误问题，这是因为对 USB 设备的操作需要 root 权限，此处给出两种解决方案。

临时方案：使用命令 sudochmod 777 /dev/ttyUSB0 将设备设置为任何人可读可写。

永久方案：使用命令 sudousermod -aGdialout[当前登录用户名]将当前用户加入 dialout 组，重启后即可对设备进行读写。

准备工作完成后可以在"File"→"example"中找到 ESP8266 相关示例程序，打开 Blink 示例程序，使用 USB 线连接电脑和 NodeMCU，点击 Arduino IDE 中的上传按钮就可以将程序编译烧写到硬件中，测试 ESP8266 示例程序如图 2-2-17 所示。

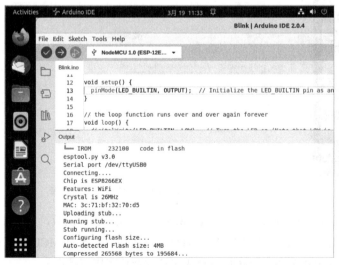

图 2-2-17 测试 ESP8266 示例程序

任务 2.3　NodeMCU 编程

任务描述

能够对 NodeMCU 进行编程，以连接 EMQ X Broker；掌握读取 DHT11 温湿度传感器数据的方法和示例；掌握使用 PubSubClient 库向 MQTT 服务器的特定数据主题发布消息的方法及传感器数据发布示例，并能融会贯通。

关键步骤

（1）对 NodeMCU 编程，以连接 EMQ X Broker。

- 连接 NodeMCU 与计算机。
- 在 Arduino IDE 中安装 PubSubClient 库。
- 编写代码连接 EMQ X Broker。

（2）掌握读取 DHT11 温湿度传感器数据的方法和示例。

- 安装开源社区提供的 DHT 相关库。
- 编写和测试读取 DHT11 温湿度传感器数据的代码。

（3）掌握传感器数据发布示例。

- 在 Arduino IDE 中安装 ArduinoJson。
- 编写和测试传感器数据发布的代码。

2.3.1　连接 EMQ X Broker

本小节将对 NodeMCU 进行编程，以连接 EMQ X Broker。

（1）连接 NodeMCU 与计算机。

EMQ X Broker 本质上是一个以 MQTT 协议实现的代理服务器，对其进行连接需要使用硬件端 MQTT 库，这里选择 PubSubClient 库。NodeMCU 已经集成了 Wi-Fi 芯片和协议栈，使用相关库可以实现设备的 Wi-Fi 接入。

（2）在 Arduino IDE 中安装 PubSubClient 库。

在 NodeMCU 连接硬件后，介绍如何在 Arduino IDE 中安装 PubSubClient 库。

依次打开"Sketch"→"Include Library"，在打开的菜单栏中点击"LIBRARIE MANAGER"，打开包管理器。

在顶部搜索栏中输入库名搜索安装即可，如图 2-3-1 所示。

图 2-3-1　安装 PubSubClient 库

（3）编写代码，连接 EMQ X Broker。

下面给出具体连接代码：

```
# include <ESP8266WiFi.h>
# include <PubSubClient.h>
const char* ssid = "xxx";                               // 需要连接的 Wi-Fi 名
const char* password = "xxx";                           // 连接的 Wi-Fi 密码
const char* mqtt_server = "broker.mqtt-dashboard.com";  // MQTT 代理地址
WiFiClientespClient;
PubSubClient client(espClient);
unsigned long lastMsg = 0;
# define MSG_BUFFER_SIZE  (50)
char msg[MSG_BUFFER_SIZE];
int value = 0;
void setup_wifi() {
  delay(10);
  // 准备连接 Wi-Fi 网络
  Serial.println();
  Serial.print("Connecting to ");
  Serial.println(ssid);
  WiFi.mode(WIFI_STA);
  WiFi.begin(ssid, password);
  while (WiFi.status() != WL_CONNECTED) {
    delay(500);
    Serial.print(".");
  }
  randomSeed(micros());
  Serial.println("");
  Serial.println("WiFi connected");
  Serial.println("IP address: ");
  Serial.println(WiFi.localIP());
```

```
}
void callback(char* topic, byte* payload, unsigned int length) {
  Serial.print("Message arrived [");
  Serial.print(topic);
  Serial.print("] ");
  for (int i = 0; i< length; i++) {
    Serial.print((char)payload[i]);
  }
  Serial.println();
  // Switch on the LED if an 1 was received as first character
  if ((char)payload[0] == '1') {
    digitalWrite(BUILTIN_LED, LOW);            // 板载灯亮
  } else {
    digitalWrite(BUILTIN_LED, HIGH);           // 板载灯灭
  }
}
void reconnect() {
  // Loop until we're reconnected
  while (!client.connected()) {
    Serial.print("Attempting MQTT connection...");
    // 创建一个随机 MQTT 客户端 ID
    String clientId = "ESP8266Client-";
    clientId += String(random(0xffff), HEX);
    // 尝试连接
    if (client.connect(clientId.c_str())) {
      Serial.println("connected");
      // 连接 MQTT 代理成功, 向主题 outTopic 发布一条消息
      client.publish("outTopic", "hello world");
      // 订阅主题 inTopic 的消息
      client.subscribe("inTopic");
    } else {
      Serial.print("failed, rc=");
      Serial.print(client.state());
      Serial.println(" try again in 5 seconds");
      // 等待 5s
      delay(5000);
    }
  }
}
void setup() {
  pinMode(BUILTIN_LED, OUTPUT);       // 初始化板载灯为输出状态
  Serial.begin(115200);
  setup_wifi();
  client.setServer(mqtt_server, 1883);
  client.setCallback(callback);
}
void loop() {
  if (!client.connected()) {
    reconnect();
```

```
}
client.loop();
unsigned long now = millis();
if (now - lastMsg> 2000) {
  lastMsg = now;
  ++value;
  snprintf (msg, MSG_BUFFER_SIZE, "hello world #%ld", value);
  Serial.print("Publish message: ");
  Serial.println(msg);
  client.publish("outTopic", msg);
  }
}
```

这里需要注意的是，填写的 MQTT 代理地址必须是通过 Wi-Fi 网络可访问的，可以在同一局域网下部署 MQTT（其部署过程已在 2.2.1 小节介绍过），也可以使用具有公网 IP 地址的云服务器进行搭建。

以下是连接代码截图，如图 2-3-2 所示。

图 2-3-2   连接代码截图

2.3.2　读取传感器数据示例

本小节以接入 DHT11 温湿度传感器为示例，只需要一根数据线将其接入 NodeMCU 的 D1 口即可，传感器正负极按照 NodeMCU 板载指示连接。

（1）安装开源社区提供的 DHT 相关库。

将传感器按照正确的方式连接到 NodeMCU 引脚上后，安装开源社区提供的 DHT 相关库，以读取 DHT11 温湿度传感器数据。

具体而言，打开包管理窗口，搜索 DHT，安装 DHT sensor library 库。

（2）编写读取 DHT11 温湿度传感器数据的代码。

以下给出读取 DHT11 温湿度传感器数据的示例代码。

```
# include "DHT.h"
# define DHTPIN 5                    // 定义传感器连接的 NodeMCU 引脚
# define DHTTYPE DHT11               // DHT11
DHT dht(DHTPIN, DHTTYPE);
void setup() {
  Serial.begin(9600);
  dht.begin();
}
void loop() {
  delay(2000);
  // 读取温湿度花费 250ms
  float h = dht.readHumidity();
  // 默认以摄氏度为单位读取温度
  float t = dht.readTemperature();
  // 以华氏度为单位读取温度（isFahrenheit = true）
  float f = dht.readTemperature(true);
  // 检查是否读取失败
  if (isnan(h) || isnan(t) || isnan(f)) {
    Serial.println(F("Failed to read from DHT sensor!"));
    return;
  }
  Serial.print(F("Humidity: "));
  Serial.print(h);
  Serial.print(F("%  Temperature: "));
  Serial.print(t);
  Serial.print(F("°C "));
  Serial.println(f);
}
```

（3）运行代码。

如图 2-3-3 所示，运行程序后可以持续采集 DHT11 温湿度传感器的数据。

图 2-3-3　读取 DHT11 温湿度传感器的数据

2.3.3 发布传感器数据示例

读取传感器数据后，使用 PubSubClient 库向 MQTT 服务器的特定数据主题发布消息，即可实现传感器数据上传。

（1）在 Arduino IDE 中安装 ArduinoJson。

本小节使用了一个新的包 ArduinoJson，该包用于将变量序列化为 Json 字符串，并通过 MQTT 协议发送到网络中，具体安装方式同上一小节，此处不再赘述。

（2）编写和测试代码。

综合前两小节的内容可以通过以下代码实现传感器数据的上传操作：

```cpp
#include <ESP8266WiFi.h>
#include <PubSubClient.h>
#include <ArduinoJson.h>
#include "DHT.h"
#define DHTPIN 5                              // 定义传感器连接的 NodeMCU 引脚
#define DHTTYPE DHT11                         // DHT11

const char* ssid = "xxx";                     // 需要连接的 Wi-Fi 名
const char* password = "xxx";                 // 连接的 Wi-Fi 密码
const char* mqtt_server = "broker-cn.emqx.io"; // MQTT 代理地址
WiFiClientespClient;
PubSubClient client(espClient);
DynamicJsonDocumentdoc(1024);
DHT dht(DHTPIN, DHTTYPE);
String data = "";
void setup_wifi() {
  delay(10);
  // 准备连接 Wi-Fi 网络
  Serial.println();
  Serial.print("Connecting to ");
  Serial.println(ssid);
  WiFi.mode(WIFI_STA);
  WiFi.begin(ssid, password);
  while (WiFi.status() != WL_CONNECTED) {
    delay(500);
    Serial.print(".");
  }
  randomSeed(micros());
  Serial.println("");
  Serial.println("WiFi connected");
  Serial.println("IP address: ");
  Serial.println(WiFi.localIP());
}
void reconnect() {
  while (!client.connected()) {
```

```
    Serial.print("Attempting MQTT connection...");
    // 创建一个随机 MQTT 客户端 ID
    String clientId = "ESP8266Client-";
    clientId += String(random(0xffff), HEX);
    // 尝试连接
    if (client.connect(clientId.c_str())) {
      Serial.println("connected");
    } else {
      Serial.print("failed, rc=");
      Serial.print(client.state());
      Serial.println(" try again in 5 seconds");
      // 等待 5s
      delay(5000);
    }
  }
}
void setup() {
  Serial.begin(115200);
  dht.begin();
  setup_wifi();
  client.setServer(mqtt_server, 1883);
}
void loop() {
  delay(2000);
  if (!client.connected()) {
    reconnect();
  }
  client.loop();
  float h = dht.readHumidity();
  // 以摄氏度为单位读取温度
  float t = dht.readTemperature();
  // 检查是否读取失败
  if (isnan(h) || isnan(t)) {
    Serial.println(F("Failed to read from DHT sensor!"));
    return;
  }
  doc["humidity"] = h;
  doc["temperature"] = t;
  serializeJson(doc, data);
  client.publish("inTopic",data.c_str());
  Serial.println(data);
  data = "";
}
```

传感器数据上传如图 2-3-4 所示。

图 2-3-4　传感器数据上传

　　MQTT 桌面客户端 MQTTX 接收传感器上传数据如图 2-3-5 所示，这里使用的客户端软件是 MQTTX，请读者自行下载并安装使用。

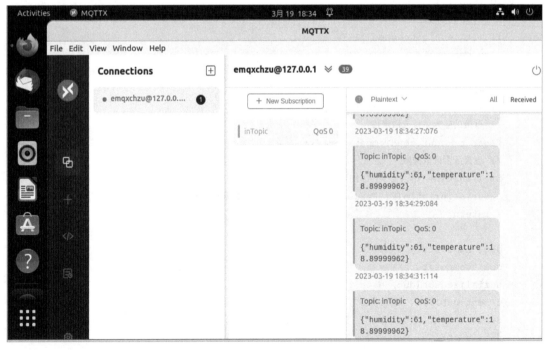

图 2-3-5　MQTT 桌面客户端 MQTTX 接收传感器上传数据

小结

　　物联网数据采集需要传感器、网络连接设备、数据存储设备和数据分析程序等软硬件的支持，其具体选择和配置应该根据应用场景和需求进行定制化设计。本章以温湿度传感器、人体红外传感器、NodeMCU、EMQ X Broker 为例，演示了组建物联网环境的过程，并重点介绍了如何通过编程实现对传感器数据的采集。

习题

1. 不限传感器的数量和类型，请设计并实现一个面向餐厅厨房的物联网数据采集方案。
2. 不限传感器的数量和类型，请设计并实现一个面向水产养殖的物联网数据采集方案。

第3章
大数据基础环境部署与编程

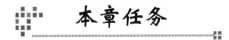

技能目标

◎ 能够安装 Linux 系统并进行 Shell 基础编程。

◎ 能够安装部署 Hadoop 并进行 HDFS 基础编程。

◎ 能够安装部署 Kafka 并进行基础编程。

◎ 能够安装部署 Flink 并进行基础编程。

本章任务

学习本章，读者需要完成以下任务。

任务 3.1 Linux 系统安装与 Shell 编程。

掌握在虚拟化软件中安装 Linux 系统的方法；掌握 Linux 系统中的常用命令并能够进行 Shell 编程。

任务 3.2 Hadoop 安装与 HDFS 编程。

掌握安装 Hadoop 的方法并能够选择和配置 Hadoop 运行方式；掌握 HDFS 的基本操作命令并进行编程。

任务 3.3 Kafka 安装与编程。

掌握安装和配置 Kafka 的方法；掌握 Kafka 的基本操作命令并进行编程。

任务 3.4 Flink 安装与编程。

掌握安装和配置 Flink 的方法；掌握 Flink 的基本操作命令并进行编程。

任务 3.1 Linux 系统安装与 Shell 编程

任务描述

掌握在虚拟化软件中安装 Linux 系统的方法；掌握 Linux 系统中的常用命令并能够进行 Shell

编程。

关键步骤

（1）在 VMware Workstation 中安装 Linux 系统。

- 在 VMware Workstation 官方网站下载 VMware Workstation 16 Pro 安装包并按照提示步骤安装。
- 打开 VMware Workstation 16 Pro，在主页选择创建新的虚拟机。
- 点击"浏览"按钮选择本地磁盘中存放的操作系统镜像文件。
- 填写全名（F）、用户名（U）、密码（P）、确认（C）等安装信息。
- 填写虚拟机存放位置、磁盘容量信息等，并根据需要进行自定义硬件配置。
- 开始自动安装虚拟机。

（2）掌握 Linux 系统中的常用命令。

- 通过在不同场景中进行练习掌握 ls、pwd、mkdir、cd、touch、cp、mv、rm、cat、more、less、head、tail 等常用命令的使用方法。
- 通过在不同场景中进行练习掌握 groupadd、useradd、userdel、groupdel、passwd、usermod 等常见的用户和组管理命令的使用方法。
- 通过在不同场景中进行练习掌握 which、whereis、find 等常见的查找命令的使用方法。
- 通过练习掌握 tar 压缩打包命令的使用方法。
- 通过在不同场景中进行练习掌握 ps、pstree、top、kill 等常见的进程相关命令的使用方法。

（3）能够进行 Shell 基础编程。

通过以下案例练习 Shell 基础编程。

- 在命令行界面输出"Hello World!"。
- 使用 tar 命令备份/var/log 下的所有日志文件，并且备份后的文件名应包含日期标签。
- 测试在 192.168.83.0/24 网段的前 5 个 IP 地址中哪些主机处于开机状态，哪些主机处于关机状态。
- 统计/var/log 有多少个文件，并显示这些文件名。
- 循环创建文本文件，并将其命名为三位数字（如 111～333 的文件）。
- 显示本机 Linux 系统中开放的端口列表。
- 删除 Linux 系统中 UID 大于或等于 1000 的普通用户。
- 判断文件或目录是否存在。
- 生成签名私钥和证书。

3.1.1　虚拟化软件和操作系统安装

本小节首先介绍如何在 Windows 系统中安装虚拟化软件 VMware Workstation 16 Pro。然后演示如何在 VMware Workstation 16 Pro 中安装 Ubuntu 22.04 系统。最后展示如何在 Ubuntu 22.04 系统中部署大数据基础环境。

（1）虚拟化软件的安装。

在 VMware 官方网站下载 VMware Workstation 16 Pro 安装包，双击安装包后出现安装向导，如图 3-1-1 所示，点击"下一步"按钮，出现"VMware 最终用户许可协议"界面，如图 3-1-2 所示。

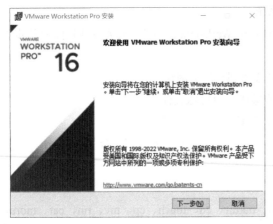
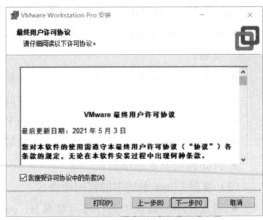

图 3-1-1　VMware Workstation 16 Pro 安装向导　　　　图 3-1-2　"VMware 最终用户许可协议"界面

阅读"VMware 最终用户许可协议"后，勾选"我接受许可协议中的条款"，并点击"下一步"按钮，进入自定义安装界面，如图 3-1-3 所示。

按需要更改安装位置，勾选"将 VMware Workstation 控制台工具添加到系统 PATH"，点击"下一步"按钮，进入快捷方式设置界面，如图 3-1-4 所示。

图 3-1-3　自定义安装界面　　　　　　　　　图 3-1-4　快捷方式设置界面

根据需要选择快捷方式，点击"下一步"按钮，完成 VMware Workstation 16 Pro 的安装。

（2）安装 Ubuntu 22.04 操作系统。

打开 VMware Workstation 16 Pro，在主页选择创建新的虚拟机，按照虚拟机创建向导的引导快速创建安装任务，安装向导会引导用户填写账户、密码等信息，填写合适的用户名和密码，等待安装完成，详细步骤如下。

① 创建新的虚拟机。

使用新建虚拟机向导创建虚拟机，如图 3-1-5 所示。

② 选择光盘映像文件。

选择"安装程序光盘映像文件(iso):"，点击"浏览"按钮，选择本地磁盘中存放的光盘映像文件，确定后点击"下一步"按钮，如图 3-1-6 所示。

图 3-1-5　新建虚拟机向导

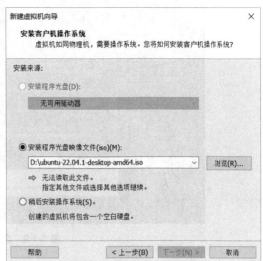

图 3-1-6　选择光盘映像文件

③ 填写简易安装信息。

在"简易安装信息"页面填写"全名""用户名""密码""确认"等信息，并点击"下一步"按钮，如图 3-1-7 所示。

④ 填写虚拟机存放位置、磁盘容量信息等，并根据需要进行"自定义硬件(C)..."配置。

依次填写虚拟机存放位置、磁盘容量信息等，点击"下一步"按钮开始创建虚拟机，如图 3-1-8 所示。

图 3-1-7　简易安装信息

图 3-1-8　创建虚拟机

根据需要点击"自定义硬件(C)..."进行配置，点击图 3-1-8 中的"完成"按钮之后，开始虚拟机的安装过程,如图 3-1-9 所示。

图 3-1-9　虚拟机的安装过程

Ubuntu 22.04 虚拟机安装成功后,输入正确的用户名和密码进入系统,Ubuntu 22.04 系统界面如图 3-1-10 所示。

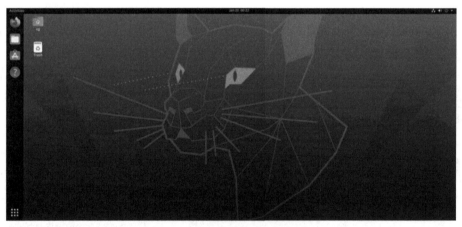

图 3-1-10　Ubuntu 22.04 系统界面

3.1.2　Linux 系统常用命令

本小节主要介绍在系统基础环境配置中经常用到的命令,包括文件操作命令、用户和组管理命令、常见查找命令、压缩打包命令、进程相关命令等。

1)文件操作常用命令

① ls。

ls(list files)命令用于显示指定工作目录下的内容(列出目前工作目录所含的文件及子目录)。

语法：

ls [-alrtAFR] [name...]

参数说明如下。

-a：显示所有文件及目录（以. 开头的隐藏文件也会被列出）。

-l：除文件名称外，也会将文件形态、权限、拥有者、文件大小等信息详细列出。

-r：将文件以相反次序显示（原定以英文字母次序显示）。

-t：将文件依建立时间的先后次序列出。

-A：同 -a ，但不列出"."（目前目录）及".."（父目录）。

-F：在列出的文件名称后添加一个符号，若是可执行文件则加"*"，若是目录则加"/"。

-R：若目录下有文件，则将文件依序列出。

示例：

在根目录下，以 ls -a 为例，如图 3-1-11 所示。

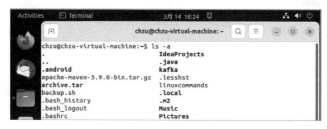

图 3-1-11　ls -a 示例

② pwd。

pwd（print work directory）命令用于显示工作目录。

执行 pwd 命令可立刻得知您目前所在的工作目录的绝对路径名称。

语法：

pwd [--help][--version]

参数说明如下。

--help：在线帮助。

--version：显示版本信息。

示例：

下面以 pwd --help 为例进行介绍，如图 3-1-12 所示。

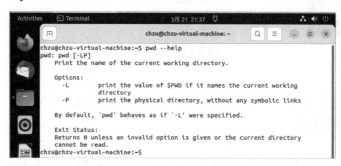

图 3-1-12　pwd --help 示例

③ mkdir。

mkdir（make directory）命令用于创建目录。

语法：

mkdir [-p] dirName

参数说明如下。

-p：确保目录名称存在，若不存在，则创建一个。

示例：

在用户目录下，以 mkdir -p test 为例，创建 test 目录，如图 3-1-13 所示。

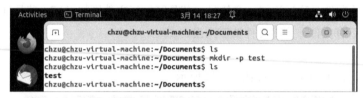

图 3-1-13　mkdir -p test 示例

④ cd。

cd（change directory）dirName 命令用于切换当前工作目录。

其中，dirName 为绝对路径或相对路径，若目录名称省略，则变换至使用者的 home 目录（也就是刚登录时所在的目录）。

另外，"~"符号表示 home 目录，"."表示目前所在的目录，".."表示当前目录的上一层目录。

语法：

cd [dirName]

参数说明如下。

dirName：要切换的目标目录。

示例：

在用户目录下，以 cd ..为例，返回上一层目录，如图 3-1-14 所示。

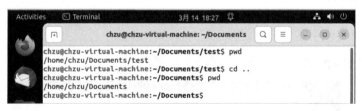

图 3-1-14　cd ..示例

⑤ touch。

touch 命令用于修改文件或目录的时间属性，包括存取时间和更改时间。若文件不存在，则系统会建立一个新的文件。

语法：

touch [-acfm][-d<日期时间>][-r<参考文件或目录>] [-t<日期时间>][--help][--version][文件或

目录…]

参数说明如下。

a：改变文件的读取时间记录。

m：改变文件的修改时间记录。

c：如果目的文件不存在，就不会建立新的文件，与 --no-create 的效果一样。

f：不使用，为了保持参数与其他 UNIX 系统的相容性而保留。

r：将一个已存在的文件的时间戳复制到另一个文件，与 --file 的效果一样。

d：设定时间与日期，可以使用各种不同的格式。

t：设定文件的时间记录，其格式与 date 命令相同。

--no-create：不会建立新文件。

--help：列出命令格式。

--version：列出版本信息。

示例：

在用户目录下，以 touch sensor 为例，建立一个名为 sensor 的新文件，如图 3-1-15 所示。

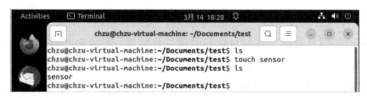

图 3-1-15　touch sensor 示例

⑥ cp。

cp（copy file）命令主要用于复制文件或目录。

语法：

cp [options] source dest

或

cp [options] source... directory

参数说明如下。

-a：此选项通常在复制目录时使用，它保留链接、文件属性，并复制目录下的所有内容，其作用与 dpR 参数组合相同。

-d：复制时保留链接。这里所说的链接相当于 Windows 系统中的快捷方式。

-f：覆盖已经存在的目标文件而不给出提示。

-i：与 -f 相反，在覆盖目标文件之前给出提示，要求用户确认是否覆盖，回答 y 时表示目标文件将被覆盖。

-p：除复制文件的内容外，还要把修改时间和访问权限复制到新文件中。

-r：若给出的源文件是一个目录文件，则此时将复制该目录下所有的子目录和文件。

-l：不复制文件，只生成链接文件。

示例：

在用户目录下，以 cp sensor ~/Documents/为例，将 test 目录下的文件 sensor 复制到 ~/Documents/目录下，如图 3-1-16 所示。

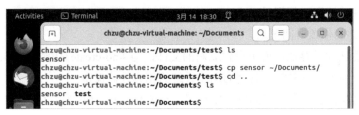

图 3-1-16　cp sensor ~/Documents/示例

⑦ mv。

mv（move file）命令用来为文件或目录改名，或者将文件或目录移至其他位置。

语法：

mv [options] source dest

mv [options] source... directory

参数说明如下。

-b：当目标文件或目录存在时，在执行覆盖前，会为其创建一个备份。

-i：若指定移动的源目录或文件与目标目录或文件同名，则会先询问是否覆盖源文件，输入 y 表示直接覆盖，输入 n 表示取消该操作。

-f：若指定移动的源目录或文件与目标目录或文件同名，则不会询问，而是直接覆盖源文件。

-n：不要覆盖任何已存在的文件或目录。

-u：当源文件比目标文件新或目标文件不存在时，才执行移动操作。

示例：

在用户目录下，以 mv -b sensor ~/Documents/为例，将用户 test 目录下的文件 sensor 移动至 ~/Documents/目录下，当~/Documents/目录中存在文件 sensor 时，在执行覆盖前，会为其创建一个备份，如图 3-1-17 所示。

图 3-1-17　mv -b sensor ~/Documents/示例

⑧ rm。

rm（remove）命令用于删除一个文件或目录。

语法：

rm [options] name...

参数说明如下。

-i：在删除前逐一询问确认。

-f：即使将原文件属性设为只读，也直接删除，无须逐一确认。

-r：将目录及目录下的文件逐一删除。

示例：

在 test 目录下，以 rm -i sensor 为例，将文件 sensor 删除，在删除前询问确认，如图 3-1-18 所示。

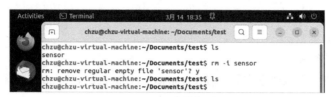

图 3-1-18　rm -i sensor 示例

⑨ cat。

cat（concatenate）命令用于连接文件并打印到标准输出设备上。

语法：

cat [-AbeEnstTuv] [--help] [--version] fileName

参数说明如下。

-n 或 --number：由 1 开始对所有输出的行数进行编号。

-b 或 --number-nonblank：和 -n 相似，只不过不对空白行进行编号。

-s 或 --squeeze-blank：当遇到有连续两行以上的空白行时，就将其替换为一行空白行。

-v 或 --show-nonprinting：使用 ^ 和 M- 符号，除 LFD 和 TAB 外。

-E 或 --show-ends：在每行结束处显示 $。

-T 或 --show-tabs：将 TAB 字符显示为 ^I。

-A 或 --show-all：等价于 -vET。

-e：等价于"-vE"选项。

-t：等价于"-vT"选项。

示例：

在用户目录下，首先新建一个包含内容的文件 doc，以 cat -n doc 为例，对所有输出的行数进行编号，如图 3-1-19 所示。

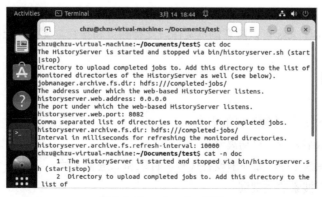

图 3-1-19　cat -n doc 示例

⑩ more。

more 命令与 cat 类似，不过会以一页一页的形式显示，更方便使用者逐页阅读，基本命令就是按空白键就会显示下一页；按 b 键就会显示上一页，还有搜寻字符串的功能（与 vi 相似）；使用说明文件，请按 h 键。

语法：

more [-dlfpcsu] [-n] [+/pattern] [+linenum] [fileNames..]

参数说明如下。

-n：一次显示的行数。

-d：提示使用者，在画面下方显示 [Press space to continue, 'q' to quit.]，若使用者按错键，则会显示 [Press 'h' for instructions.]，而不是"哔"声。

-l：取消遇见特殊字元 ^L（送纸字元）时会暂停的功能。

-f：计算行数时，以实际行数而非自动换行过后的行数（有些单行太长的行会被扩展为两行或两行以上）计算。

-p：不以卷动的方式显示每一页，而是先清除屏幕，再显示内容。

-c：与 -p 相似，不同之处在于 -c 先显示内容，再清除其他旧文件。

-s：当遇到有连续两行以上的空白行时，就将其替换为一行空白行。

-u：不显示下引号。

+/pattern：在每个文件显示前搜寻该字符串（pattern），然后从该字符串之后开始显示。

+num：从第 num 行开始显示。

fileNames：欲显示内容的文件，可为多个文件。

示例：

在用户目录下，以 more -n 2 doc 为例，输出文件 doc 的前 2 行内容，如图 3-1-20 所示。

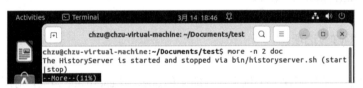

图 3-1-20　more -n 2 doc 示例

⑪ less。

less 与 more 类似，less 可以随意浏览文件，支持翻页和搜索，支持向上翻页和向下翻页。

语法：

less [参数] 文件

参数说明如下。

-b <缓冲区大小>：设置缓冲区的大小。

-e：当文件显示结束后，自动离开。

-f：强迫打开特殊文件，如外围设备代号、目录和二进制文件。

-g：只标识最后搜索的关键词。

-i：忽略搜索时的大小写。

-m：显示类似 more 命令的百分比。

-N：显示每行的行号。

-o <文件名>：在指定文件中保存 less 输出的内容。

-Q：不使用警告音。

-s：显示连续空行为一行。

-S：当行过长时将超出部分舍弃。

-x <数字>：将"Tab"键显示为规定的数字空格。

/字符串：向下搜索"字符串"的功能。

?字符串：向上搜索"字符串"的功能。

n：重复前一个搜索（与 / 或 ? 有关）。

N：反向重复前一个搜索（与 / 或 ? 有关）。

b：向上翻一页。

d：向后翻半页。

h：显示帮助界面。

Q：退出 less 命令。

u：向前滚动半页。

y：向前滚动一行。

空格键：滚动一页。

回车键：滚动一行。

[pagedown]：向下翻动一页。

[pageup]：向上翻动一页。

示例：

在用户目录下，以 less -N doc 为例，输出文件 doc 的内容，显示每行的行号，如图 3-1-21 所示。

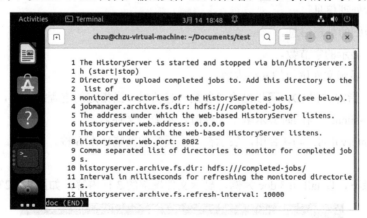

图 3-1-21　less -N doc 示例

⑫ head。

head 命令可用于查看文件开头部分的内容，有一个常用的参数 -n，用于显示行数，默认为 10，即显示 10 行内容。

语法：

head [参数] [文件]

参数说明如下。

-q：隐藏文件名。

-v：显示文件名。

-c<数目>：显示的字节数。

-n<行数>：显示的行数。

示例：

在用户目录下，以 head -n 3 doc 为例，显示文件的前 3 行内容，如图 3-1-22 所示。

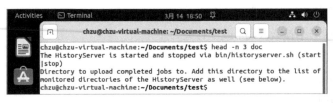

图 3-1-22　head -n 3 doc 示例

⑬ tail。

tail 命令可用于查看文件的内容，有一个常用的参数 -f，常用于查阅正在改变的日志文件。

tail -f filename 会把 filename 文件中的尾部内容显示在屏幕上，并且不断刷新，只要 filename 更新，就可以看到最新的文件内容。

语法：

tail [参数] [文件]。

参数说明如下。

-f：循环读取。

-q：不显示处理信息。

-v：显示详细的处理信息。

-c<数目>：显示的字节数。

-n<行数>：显示文件尾部的 n 行内容。

--pid=PID：指定进程 ID，可以结合-f 参数一起使用，当指定的进程终止时，显示也终止。

-q, --quiet, --silent：当同时显示多个文件时，不输出文件名。

-s, --sleep-interval=S：与-f 合用，表示在每次反复的间隔休眠 S 秒。

示例：

在用户目录下，以 tail -n 3 doc 为例，显示文件尾部的 3 行内容，如图 3-1-23 所示。

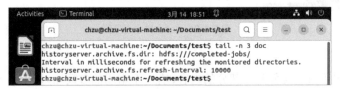

图 3-1-23　tail -n 3 doc 示例

2）用户和组管理命令

① groupadd。

groupadd 命令用于创建一个新工作组，新工作组的信息将被添加到系统文件中。

相关文件如下。

/etc/group：组账户信息。

/etc/gshadow：安全组账户信息。

/etc/login.defs Shadow：密码套件配置。

语法：

groupadd [-g gid [-o]] [-r] [-f] group

参数说明如下。

-g：指定新建工作组的 ID。

-r：创建系统工作组，系统工作组的 ID 小于 500。

-K：覆盖配置文件/ect/login.defs。

-o：允许添加 ID 号不唯一的工作组。

-f,--force: 如果指定的工作组已经存在，将使命令仅以成功状态退出。当与 -g 一起使用，并且指定的 GID_MIN 已经存在时，选择另一个唯一的 GID（-g 关闭）。

示例：

以 sudo groupadd -g 2000 grouptest 为例，指定新建工作组 grouptest 的 ID 为 2000，如图 3-1-24 所示。

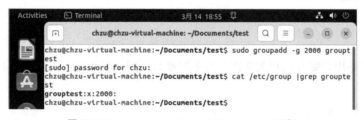

图 3-1-24　sudo groupadd -g 2000 grouptest 示例

② useradd。

useradd 可用来建立用户账号。建好账号之后，用 passwd 设定账号的密码。可用 userdel 删除账号。使用 useradd 命令建立的账号实际上被保存在 /etc/passwd 文本文件中。

语法：

useradd [-mMnr][-c <备注>][-d <登录目录>][-e <有效期限>][-f <缓冲天数>][-g <群组>][-G <群组>][-s <shell>][-u <uid>][用户账号]

或

useradd -D [-b][-e <有效期限>][-f <缓冲天数>][-g <群组>][-G <群组>][-s <shell>]

参数说明如下。

-c<备注>：加上备注文字，备注文字被保存在 passwd 的备注栏中。

-d<登录目录>：指定用户登录时的起始目录。

-D：变更预设值。

-e<有效期限>：指定账号的有效期限。

-f<缓冲天数>：指定在密码过期后多少天关闭该账号。

-g<群组>：用于设定用户的初始登录群组。

-G<群组>：用于设定用户除初始登录群组外的其他附加群组。

-m：自动建立用户的登录目录。

-M：不自动建立用户的登录目录。

-n：取消建立以用户名称为名的群组。

-r：建立系统账号。

-s<shell>：指定用户登录后所使用的 Shell。

-u<uid>：指定用户 ID。

示例：

以 sudo useradd usertest -g grouptest 为例，增加用户 usertest 并指定用户所属的群组为 grouptest，如图 3-1-25 所示。

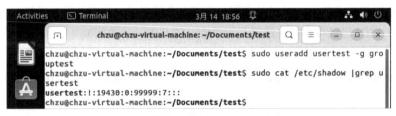

图 3-1-25　sudo useradd usertest -g grouptest 示例

③ userdel。

userdel 可删除用户账号与相关文件。若不加参数，则仅删除用户账号，而不删除相关文件。

语法：

userdel [-r][用户账号]

参数说明如下。

-r：删除用户登录目录及目录中的所有文件。

示例：

以 sudo userdel -r usertest 为例，删除用户 usertest 与相关文件，如图 3-1-26 所示。

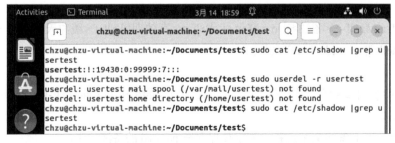

图 3-1-26　sudo userdel -r usertest 示例

④ groupdel。

groupdel 命令用于删除群组。

当需要从系统上删除群组时，可用 groupdel（group delete）命令来完成这项工作。若该群组中仍包括某些用户，则必须先删除这些用户，再删除群组。

语法：

groupdel [群组名称]

示例：

以 sudo groupdel grouptest 为例，删除群组 grouptest，如图 3-1-27 所示。

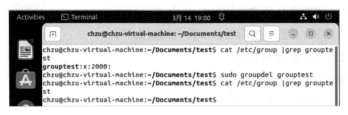

图 3-1-27　sudo groupdel grouptest 示例

⑤ passwd。

passwd 命令用来更改使用者的密码。

语法：

passwd[选项...]<账号名称>

参数说明如下。

-d：删除密码。

-f：强迫用户下次登录时必须修改密码。

-w：提前警告密码到期的天数。

-k：在密码过期之后进行密码更改提示。

-l：停止使用账号。

-S：显示密码信息。

-u：启用已被停止的账户。

-x：指定密码最长存活期。

-g：修改群组密码。

-n：指定密码最短存活期。

-i：密码过期后多少天停用账户。

示例：

以 passwd -S chzu 为例，显示密码信息，如图 3-1-28 所示。

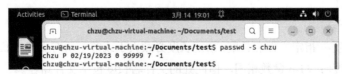

图 3-1-28　passwd -S chzu 示例

⑥ usermod。

usermod 命令可用来修改用户账号的各项设定。

语法：

usermod [-LU][-c <备注>][-d <登录目录>][-e <有效期限>][-f <缓冲天数>][-g <群组>][-G <群组>][-l <账号名称>][-s <shell>][-u <uid>][用户账号]

参数说明如下。

-c<备注>：修改用户账号的备注文字。

-d<登录目录>：修改用户登录时的目录。

-e<有效期限>：修改账号的有效期限。

-f<缓冲天数>：修改在密码过期后多少天关闭该账号。

-g<群组>：修改用户所属的群组。

-G<群组>：修改用户所属的附加群组。

-l<账号名称>：修改用户账号名称。

-L：锁定用户密码，使密码无效。

-s<shell>：修改用户登录后所使用的 Shell。

-u<uid>：修改用户 ID。

-U：解除密码锁定。

示例：

以 usermod -c PCforTeaching chzu 为例，修改用户账号 chzu 的备注文字为 PCforTeaching，如图 3-1-29 所示。

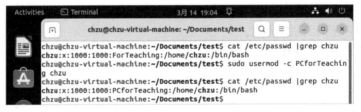

图 3-1-29　usermod -c PCforTeaching chzu 示例

3）常见查找命令

① which。

which 命令用于查找文件。

which 命令会在环境变量$PATH 设置的目录里查找符合条件的文件。

语法：

which [文件...]

参数说明如下。

-n<文件名长度>：指定文件名长度，指定长度必须大于或等于所有文件中长度最长的文件名。

-p<文件名长度>：与-n 参数相同，但此处的文件名长度包括文件路径。

-w：指定输出时栏位的宽度。

-V：显示版本信息。

示例：

以 which groupadd 为例，查找 groupadd 所在的位置，如图 3-1-30 所示。

图 3-1-30 which groupadd 示例

② whereis。

whereis 命令用于查找文件。

该命令会在特定目录中查找符合条件的文件。这些文件应属于源代码文件、二进制文件或帮助文件。

该命令只能用于查找二进制文件、源代码文件和 man 手册页，一般文件的定位需要使用 locate 命令。

语法：

whereis [-bfmsu][-B <目录>...][-M <目录>...][-S <目录>...][文件...]

参数说明如下。

-b：只查找二进制文件。

-B<目录>：只在设置的目录下查找二进制文件。

-f：不显示文件名前的路径名称。

-m：只查找说明文件。

-M<目录>：只在设置的目录下查找说明文件。

-s：只查找源代码文件。

-S<目录>：只在设置的目录下查找源代码文件。

-u：查找不包含指定类型的文件。

示例：

以 whereis -m groupadd 为例，查找 groupadd 说明文件，如图 3-1-31 所示。

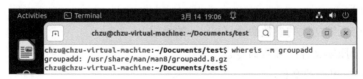

图 3-1-31 whereis -m groupadd 示例

③ find。

find 命令用来在指定目录下查找文件。任何位于参数之前的字符串都将被视为欲查找的目录名。若使用该命令时不设置任何参数，则 find 命令将在当前目录下查找子目录与文件，并将查找到的子目录和文件全部显示。

语法：

find [path] [expression]

参数说明如下。

[path]：搜索路径，表示从哪个目录开始进行搜索，默认为当前目录。

[expression]：表达式，用于指定搜索的条件和行为。find 表达式由多个选项和测试器组成，可以组合使用。

以下是 find 常用参数。

-name pattern：按文件名匹配模式搜索。pattern 可以使用通配符 *、? 等。

-type TYPE：按文件类型搜索，TYPE 可以是 f（普通文件）、d（目录）、l（符号链接）等。

-size [+|-]SIZE：按文件大小搜索。SIZE 可以是数字（表示字节数），也可以带有单位（如 k、M、G，分别表示千字节、兆字节、千兆字节）。

-mtime [+|-]days：按修改时间搜索，days 表示距离今天的天数，+ 表示在此之前，- 表示在此之后。

-maxdepth level：搜索深度限制，level 表示深度，0 表示只搜索当前目录，1 表示搜索当前目录及其一级子目录，以此类推。

-exec command {} \;：对搜索到的每个文件执行指定命令，{} 表示搜索到的文件名，\; 表示命令结束。

示例：

以 find -name doc 为例，查找示例文件 doc 所在的位置，如图 3-1-32 所示。

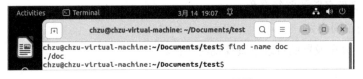

图 3-1-32 find -name doc 示例

4）压缩打包命令 tar

语法：

tar [选项...] [文件与目录] ...

参数说明如下。

-c：建立一个压缩文件的参数命令（create 的意思）。

-x：解开一个压缩文件的参数命令。

-t：查看 tarfile 里面的文件。

应特别注意，在参数的下达中，c/x/t 仅能存在一个，不可同时存在，因为不可能同时进行压缩与解压缩。

-z：用 gzip 压缩。

-j：用 bzip2 压缩。

-v：在压缩过程中显示文件，常用，但不建议用在后台执行过程中。

-f：使用文件名，在 f 之后要紧接文件名，不要再加参数。

-p：使用原文件的原来属性（属性不会依据使用者而变）。

-P：可以使用绝对路径来压缩。

-N：只有比后面接的日期（yyyy/mm/dd）还要新的文件才会被打包进新建的文件中。

--exclude FILE：在压缩过程中，不要将 FILE 打包。

示例：

以 tar -cvf archive.tar doc 为例，将 doc 文件压缩为 archive.tar 文件，如图 3-1-33 所示。

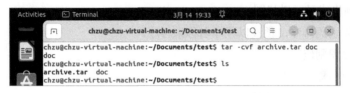

图 3-1-33　tar -cvf archive.tar doc 示例

5）查看进程命令

① ps。

查看 Linux 中当前运行的进程的命令，能列出系统中运行的进程，包括进程号、命令、CPU 使用量、内存使用量等。

参数说明如下。

ps -a：列出所有运行中/激活的进程。

ps -ef |grep：列出需要的进程。

ps -aux：显示进程信息，包括无终端（x）的和针对用户（u）的进程，如 USER、PID、%CPU、%MEM 等。

示例：

以 ps -a 为例，列出所有运行中/激活的进程，如图 3-1-34 所示。

图 3-1-34　ps -a 示例

② pstree。

功能说明：以树状图显示运行的进程。

语法：

pstree [-acGhlnpuUV][-H <程序识别码>][<程序识别码>/<用户名称>]

补充说明：pstree 命令用 ASCII 字符显示树状结构，清楚地表达程序间的相互关系。若不指定程序识别码或用户名称，则会把系统启动时的第一个程序视为基层，并显示之后的所有程序。若指定用户名称，则以隶属该用户的第一个程序为基层，显示该用户的所有程序。

参数说明如下。

-a：显示命令参数。

-c：取消同名程序的合并显示。

-G：使用 VT100 来绘制进程树。

-h：当列出树状图时，应特别标明现在执行的程序。

-H <程序识别码>：此参数的效果和指定-h 参数类似，但此参数会特别标明指定的程序。

-l：采用长列格式显示树状图。

-n：用程序识别码排序，预设以程序名称来排序。

-p：显示程序识别码。

-u：显示用户名称。

-U：使用 UTF-8 来绘制进程树。

-V：显示版本信息。

示例：

以 pstree -a 为例，显示每个程序的完整命令，包含路径、参数或常驻服务的标识，如图 3-1-35 所示。

图 3-1-35　pstree -a 示例

③ top。

top 命令用于实时显示进程的动态。

使用权限：所有使用者。

语法：

top [-] [d] [q] [c] [S] [s] [i] [n] [b]

参数说明如下。

d：改变显示的更新速度，或在交互式命令行按 s 键。

q：没有任何延迟的显示速度，若使用者有 superuser 的权限，则 top 将以最高的优先顺序执行。

c：切换显示模式，共有两种模式，一种是只显示执行文件的名称，另一种是显示完整的路径与名称。

S：累积模式，累计已完成或消失的子进程（dead child process）的 CPU 时间。

s：安全模式，将交谈式命令取消，以避免潜在的危机。

i：不显示任何闲置（idle）或无用（zombie）的进程。

n：更新的次数，完成后将退出 top 命令。

b：批次模式，搭配 n 参数一起使用，可以将 top 命令的结果输出到文件中。

示例：

下面以 top 为例，实时显示进程的动态，如图 3-1-36 所示。

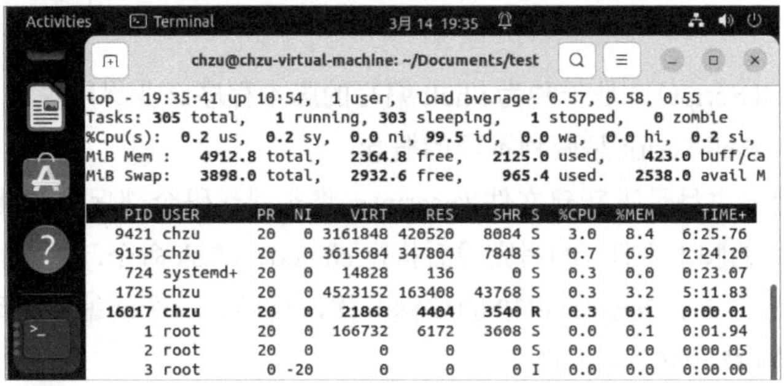

图 3-1-36　top 示例

④ kill。

kill 命令用于删除执行中的程序或动作。

kill 可将指定的信息送至程序。预设的信息为 SIGTERM(15)，可将指定程序终止。若仍无法终止该程序，则可使用 SIGKILL(9) 信息尝试强制删除程序。程序或工作的编号可利用 ps 命令或 jobs 命令查看。

语法：

kill [-s <信息名称或编号>][程序]

或

kill [-l <信息编号>]

参数说明如下。

-s <信息名称或编号>：指定要传送的信息。

-l <信息编号>：若不加<信息编号>选项，则 -l 参数会列出全部的信息名称。

[程序]：[程序]可以是程序的 PID 或 PGID，也可以是工作编号。

可以使用 kill -l 命令列出所有可用信号。

最常用的信号如下。

1（HUP）：重新加载进程。

9（KILL）：杀死一个进程。

15（TERM）：正常停止一个进程。

示例：

以 kill -9 16053 为例，杀死进程 -9 16053，如图 3-1-37 所示。

图 3-1-37　kill -9 16053 示例

3.1.3　Shell 脚本编程

Shell 是一个用 C 语言编写的应用程序，它提供了一个界面，用户通过这个界面访问操作系统内核的服务。Ken Thompson 的 sh 是一种 UNIX Shell，Windows Explorer 是一种典型的图形界面 Shell。

Shell 脚本（Shell Script），是一种为 Shell 编写的脚本程序。业界所说的 Shell 通常都是 Shell 脚本。但是 Shell 和 Shell Script 是两种不同的概念。

在 Linux 系统用户主目录下新建文件夹 script，将实训代码全部保存在此目录下。

编写以 sh 为后缀的脚本文件，编写完成后执行 chmod +x *.sh 命令，给脚本文件赋予执行权限。

Shell 脚本的编程与 JavaScript、PHP 的编程一样，只要有一个能编写代码的文本编辑器和一个能解释执行的脚本解释器就可以了。

Linux 的 Shell 种类众多，常见的有以下几种：

Bourne Shell（/usr/bin/sh 或/bin/sh）；

Bourne Again Shell（/bin/bash）；

C Shell（/usr/bin/csh）；

K Shell（/usr/bin/ksh）；

Shell for Root（/sbin/sh）。

本节使用的是 Bash，即 Bourne Again Shell，由于易用和免费，因此 Bash 在日常工作中被广泛使用。同时，Bash 是大多数 Linux 系统默认的 Shell。

一般情况下，并不区分 Bourne Shell 和 Bourne Again Shell，因此，#!/bin/sh 同样可以改为 #!/bin/bash。其中，"#!" 用于告诉系统其后路径所指定的程序就是解释此脚本文件的 Shell 程序。

案例 1：编写一个脚本，运行时在命令行界面输出"Hello World!"。

代码示例：创建一个 helloworld.sh 文件，输入以下代码，保存代码后运行，如图 3-1-38 所示。

```
#! /bin/bash

echo "Hello World!"
```

图 3-1-38　运行 helloworld.sh

案例 2：编写一个脚本，使用 tar 命令备份/var/log 下的所有日志文件，备份后的文件名应包含日期标签，防止后面的备份数据将前面的备份数据覆盖。

代码示例：创建一个 backup.sh 文件，输入以下代码，保存代码后运行，如图 3-1-39 所示。

```
#! /bin/bash

tar -czvPf log-`date +%Y%m%d`.tar.gz /var/log
```

图 3-1-39　运行 backup.sh

案例 3：编写一个脚本，测试在 192.168.83.0/24 网段的前 5 个 IP 地址中哪些主机处于开机状态，哪些主机处于关机状态。

代码示例：创建一个 scanhost.sh 文件，输入以下代码，保存代码后运行，如图 3-1-40 所示。

```bash
#! /bin/bash

for i in {1..5}
do
  # 每隔 0.3s ping 一次，一共 ping 2 次，并以 1ms 为单位设置 ping 的超时时间
  ping -c 2 -i 0.3 -W 1 192.168.83.$i &>/dev/null
  if [ $? -eq 0 ];then
    echo "192.168.83.$i is up"
  else
    echo "192.168.83.$i is down"
  fi
done
```

图 3-1-40　运行 scanhost.sh

案例 4：统计/var/log 有多少个文件，并显示这些文件名。

代码示例：创建一个 countfiles.sh 文件，输入以下代码，保存代码后运行，如图 3-1-41 所示。

```bash
#! /bin/bash

cd /var/log
sum=0
# 使用 ls 递归显示目录中的所有内容，再判断是否为文件，若是文件，则计数器加 1
for i in `ls -r *`
do
  if [ -f $i ];then
    let sum++
    echo "文件名: $i"
  fi
done
echo "总文件数量为: $sum"
```

图 3-1-41　运行 countfiles.sh

案例 5：使用脚本循环创建命名为三位数字的文本文件（111～333 的文件）。

代码示例：创建一个 touchfiles.sh 文件，输入以下代码，保存代码后运行，如图 3-1-42 所示。

```bash
#! /bin/bash

for i in {1..3}
do
  for j in {1..3}
  do
  for k in {1..3}
  do
  touch /home/chzu/touchfiles/$i$j$k.txt
  done
  done
done
```

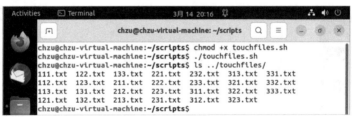

图 3-1-42　运行 touchfiles.sh

案例 6：显示本机 Linux 系统中开放的端口列表。

代码示例：创建一个 listports.sh 文件，输入以下代码，保存代码后运行，如图 3-1-43 所示。

```bash
#! /bin/bash

ss -nutlp | awk '{print $1,$5}' | awk -F"[: ]" '{print "协议:"$1,"端口号:"$NF}' | grep
"[0-9]" | uniq
```

图 3-1-43　运行 listports.sh

案例 7：删除 Linux 系统中 UID 大于或等于 1000 的普通用户。

代码示例：创建一个空白的 delusers.sh 文件，输入以下代码，保存代码后运行，如图 3-1-44 所示。

```bash
#! /bin/bash

# 先用 awk 提取所有 UID 大于或等于 1000 的普通用户名称
users=$(awk -F: '$3>=1000{print $1}' /etc/passwd)
# 再使用 for 循环逐个将每个用户删除
for i in $users
do
userdel -r $i
done
```

图 3-1-44　运行 delusers.sh

案例 8：判断文件或目录是否存在。

代码示例：创建一个空白的 checkfiles.sh 文件，输入以下代码，保存代码后运行，如图 3-1-45 所示。

```bash
#! /bin/bash

if [ $# -eq 0 ];then
echo "未输入任何参数，请输入参数"
echo "用法：$0 [文件名|目录名]"
fi
if [ -f $1 ];then
  echo "此文件存在"
  ls -l $1
else
echo "不存在此文件"
fi
if [ -d $1 ];then
  echo "此目录存在"
ls -ld $2
else
echo "没有此目录"
fi
```

图 3-1-45　运行 checkfiles.sh

案例 9：生成签名私钥和证书。

代码示例：创建一个空白的 genkeys.sh 文件，输入以下代码，保存代码后运行，如图 3-1-46 所示。

```bash
#! /bin/bash

read -p "请输入存放证书的目录: " dir
if [ ! -d $dir ];then
echo "此目录不存在"
  exit
fi
read -p "请输入密钥名称: " name
opensslgenrsa -out ${dir}/${name}.key
openssl req -new -x509 -key ${dir}/${name}.key -subj "/CN=common" -out
${dir}/${name}.crt
```

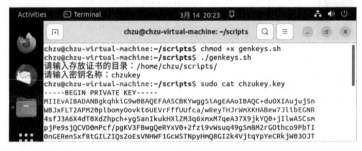

图 3-1-46　运行 genkeys.sh

任务 3.2　Hadoop 安装与 HDFS 编程

任务描述

掌握安装 Hadoop 的方法并能够选择和配置 Hadoop 的运行方式；掌握 HDFS 的基本操作命令并进行编程。

关键步骤

（1）掌握安装 Hadoop 的方法。

- 配置操作系统的基础环境。
  - ➢ 安装 ssh。
  - ➢ 安装并配置 Java 相关环境变量。
  - ➢ 刷新环境变量。
- 下载和安装 Hadoop。
  - ➢ 下载 Hadoop 安装包。
  - ➢ 安装 Hadoop。
- 配置 Hadoop 环境变量。

- 测试安装。

（2）配置 Hadoop 的运行方式。

- 将 jdk8 的路径添加到 hadoop-env.sh 文件中。
- 修改 core-site.xml 文件。
- 修改 hdfs-site.xml 文件。
- 格式化 NameNode。
- 启动 NameNode 和 DataNode 进程。

（3）掌握 HDFS 的基本操作命令。

- 通过在不同场景练习掌握列出 HDFS 文件、创建文件目录、删除文件目录、上传文件、下载文件、查看文件、进入/退出安全模式等基本操作命令。

（4）HDFS 编程实训。

- 安装 IntelliJ IDEA 集成工具。
  - ➢ 下载 IntelliJ IDEA。
  - ➢ 使用 tar -zxf ideaIC-2022.3.2.tar.gz 命令解压安装包。
  - ➢ 将解压后的安装包移动到目录/usr/local 下。
  - ➢ 运行启动脚本。
- 安装并配置 Maven 环境。
- 创建 Maven 项目。
- 运行示例。

3.2.1 Hadoop 安装

（1）配置操作系统的基础环境。

① 安装 ssh。

运行 sudo apt install openssh-server，安装 ssh，如图 3-2-1 所示。

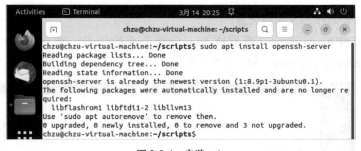

图 3-2-1 安装 ssh

接下来配置 ssh 免密码登录，在终端中输入以下命令，配置 ssh 免密码登录，如图 3-2-2 所示。

```
cd ~/.ssh/                               # 若没有该目录，则先执行一次 ssh localhost
ssh-keygen -t rsa                        # 会出现提示，按 Enter 键即可
cat ./id_rsa.pub>> ./authorized_keys     # 加入授权
```

图 3-2-2　配置 ssh 免密码登录

再次执行 ssh localhost 即可免密码登录，验证免密码登录如图 3-2-3 所示。

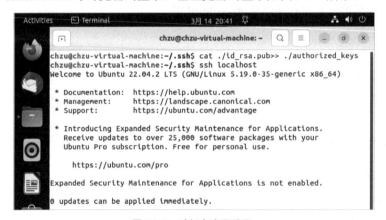

图 3-2-3　验证免密码登录

② 安装并配置 Java 相关环境变量。

在 Terminal 中输入 javac，查看版本，选择需要的版本，输入命令：sudo apt install openjdk-8-jdk-headless 完成安装，如图 3-2-4 所示。

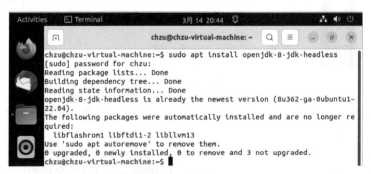

图 3-2-4　安装 Java

完成 Java 安装后，执行 vi ~/.bashrc。

修改 bashrc 文件，添加如下内容，配置 Java 环境，如图 3-2-5 所示。

```
# java config
export Java_HOME=/usr/lib/jvm/java-8-openjdk-amd64
export JRE_HOME=${Java_HOME}/jre
export CLASSPATH=.:${Java_HOME}/lib:${JRE_HOME}/lib
export PATH=${Java_HOME}/bin:$PATH
```

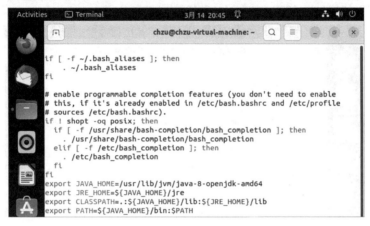

图 3-2-5　配置 Java 环境

③ 刷新环境变量。

执行 source ~/.bashrc 命令，刷新环境变量，如图 3-2-6 所示。

图 3-2-6　刷新环境变量

（2）下载和安装 Hadoop。

① 下载 Hadoop 安装包。

进入 Hadoop 官网选择对应版本的安装包下载即可。

② 安装 Hadoop。

创建安装目录并将 Hadoop 安装包解压至该目录，命令如下，安装 Hadoop，如图 3-2-7 所示。

```
mkdir ~/hadoop&& cd ~/hadoop
tar -zxf ~/Downloads/hadoop-3.3.1.tar.gz --strip 1
```

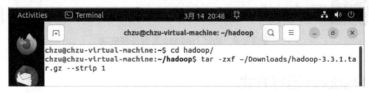

图 3-2-7　安装 Hadoop

（3）配置 Hadoop 环境变量。

通过 vim 命令编辑.bashrc 文件，并增加以下内容，配置环境变量，如图 3-2-8 所示。

```
vi ~/.bashrc
# hadoop config
export HADOOP_HOME=/home/chzu/hadoop   # 此路径可根据实际情况修改
export CLASSPATH=$($HADOOP_HOME/bin/hadoopclasspath):$CLASSPATH
export HADOOP_COMMON_LIB_NATIVE_DIR=$HADOOP_HOME/lib/native
export PATH=$PATH:$HADOOP_HOME/bin:$HADOOP_HOME/sbin
```

图 3-2-8 配置环境变量

再次使用 source 刷新配置.bashrc 文件，命令如下：

```
source ~/.bashrc
```

（4）测试安装。

通过使用以下命令输出 Hadoop 版本号，测试 Hadoop 是否安装成功，如图 3-2-9 所示。

```
hadoop version
```

图 3-2-9 测试 Hadoop 是否安装成功

3.2.2 配置 Hadoop 运行方式

Hadoop 可以在单节点上以伪分布式的方式运行，Hadoop 进程以分离的 Java 进程来运行，节点既作为 NameNode 又作为 DataNode。同时，Hadoop 读取的是 HDFS 中的文件。

　　Hadoop 的配置文件位于 Hadoop 安装文件夹下的 etc/hadoop/ 中，伪分布式只需要修改 2 个配置文件，即 core-site.xml 和 hdfs-site.xml。Hadoop 的配置文件是 xml 格式的文件，每个配置以声明 property（属性）的 name（名称）和 value（值）的方式来实现。

　　具体配置过程如下所示。

　　（1）将 jdk8 的路径添加到 hadoop-env.sh 文件中。

　　在 hadoop-env.sh 文件中增加以下语句：

```
export Java_HOME=/usr/lib/jvm/java-8-openjdk-amd64
```

　　（2）修改 core-site.xml 文件。

　　根据实际需要修改 hadoop.tmp.dir、fs.defaultFS 等参数值，如图 3-2-10 所示。

```
<configuration>
<property>
<name>hadoop.tmp.dir</name>
<value>file:/home/chzu/hadoop/tmp</value>
<description>Abase for other temporary directories.</description>
</property>
<property>
<name>fs.defaultFS</name>
<value>hdfs://localhost:9000</value>
</property>
</configuration>
```

图 3-2-10　修改 core-site.xml 文件

　　（3）修改 hdfs-site.xml 文件。

　　根据实际需要修改 dfs.replication、dfs.namenode.name.dir、dfs.datanode.data.dir、dfs.http.address 等参数值，如图 3-2-11 所示。

```
<property>
```

```
<name>dfs.replication</name>
<value>1</value>
</property>
<property>
<name>dfs.namenode.name.dir</name>
<value>file:/home/chzu/hadoop/tmp/dfs/name</value>
</property>
<property>
<name>dfs.datanode.data.dir</name>
<value>file:/home/chzu/hadoop/tmp/dfs/data</value>
</property>
<property>
<name>dfs.http.address</name>
<value>0.0.0.0:50070</value>
</property>
```

图 3-2-11　修改 hdfs-site.xml 文件

（4）格式化 NameNode。

通过以下命令格式化 NameNode，命令如下，格式化 NameNode 如图 3-2-12 所示。

```
hdfs namenode -format
```

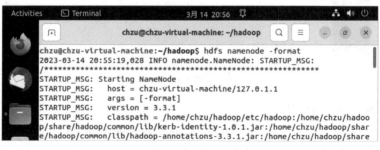

图 3-2-12　格式化 NameNode

注意：不能一直格式化 NameNode。格式化 NameNode 会产生新的集群 ID，从而导致 NameNode 的集群 ID 和 DataNode 的集群 ID 不一致，使集群找不到已往数据。因此，在格式化 NameNode 前，一定要先删除 data 数据和 log 日志。

（5）启动 NameNode 和 DataNode 进程。

通过运行以下命令启动 NameNode 和 DataNode 进程，并通过 jsp 命令查看启动信息，如图 3-2-13 所示。

```
start-dfs.sh
```

启动完成后，通过命令 jps 来判断是否成功启动，若成功启动，则列出如下进程：NameNode、DataNode 和 SecondaryNameNode。

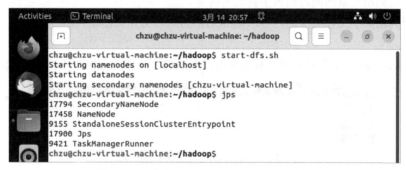

图 3-2-13　启动 NameNode 和 DataNode 进程

注意：在执行 hadoop "startdfs.sh"时，如果出现警告信息：WARN util.NativeCodeLoader: Unable to load native-hadoop library for your platform... using builtin-java classes where applicable，可以通过以下方式解决。

在 hadoop-env.sh 中添加以下两条语句：

```
export HADOOP_OPTS="$HADOOP_OPTS -Djava.library.path=$HADOOP_HOME/lib/native"
export HADOOP_COMMON_LIB_NATIVE_DIR="/usr/local/hadoop/lib/native/"
```

成功启动后，在浏览器中输入 localhost:50070 会出现如图 3-2-14 所示的 Hadoop Web 界面。

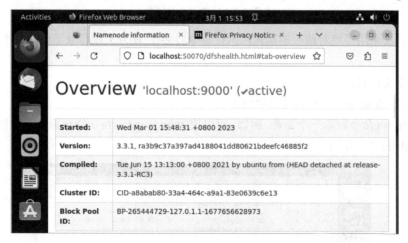

图 3-2-14　Hadoop Web 界面

3.2.3　HDFS 基本操作命令

HDFS（Hadoop Distributed File System）是一种分布式文件系统，它具有高容错的特点，并且可以部署在廉价的通用硬件上，可提供高吞吐率的数据访问，适合那些需要处理海量数据集的应用程序。HDFS 提供了一套特有的、基于 Hadoop 抽象文件系统的 API，支持以流的形式访问文件系统中的数据。本小节主要介绍 HDFS 的基本命令操作。

（1）列出 HDFS 文件。

命令格式：hadoop fs -ls [-R]

① -ls：后面不跟任何内容，表示列出的是 HDFS 的"/user/用户名/"目录下的内容。

② -R：在列出目录的同时列出子目录的内容。

③ 若要列出某个文件夹中的内容，则-ls 后面紧跟该文件夹的路径。

示例：

通过 hadoop fs -ls /命令可以列出 HDFS 根目录下的所有文件，如图 3-2-15 所示。

图 3-2-15　列出 HDFS 根目录下的所有文件

（2）创建文件目录。

命令格式：hadoop fs -mkdir［目录路径］

可以通过 hadoop fs -mkdir /data 命令在 HDFS 根目录下创建一个/data 目录，如图 3-2-16 所示。

图 3-2-16　创建文件目录

注意，此处采用了绝对路径的形式，执行命令后会在 HDFS 根目录下创建一个名称为 data 的目录。

（3）删除文件目录。

命令格式：hadoop fs –rm –r［目录路径］

可以使用 rm 命令删除一个目录。例如，可以使用 hadoop fs -rm -r /data 命令删除刚才在 HDFS 中创建的/data 目录，如图 3-2-17 所示。

图 3-2-17　删除文件目录

（4）上传文件。

命令格式：hadoop fs -put［本地文件路径,hdfs 路径］

如图 3-2-18 所示，可以通过运行 hadoop fs -put~/Downloads/workers /data 命令将~/Downloads/目录下的文件 workers 上传到 hdfs 根目录下的/data 目录中。

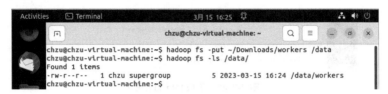

图 3-2-18　上传文件

（5）下载文件。

命令格式：hadoop fs -get［hdfs 中的文件路径,本地文件路径］

如图 3-2-19 所示，可以通过 hadoop fs -get/data/workers ~/Documents 命令将/data 目录下的文件 workers 下载到用户的~/Documents 目录中。

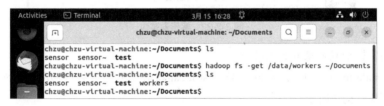

图 3-2-19　下载文件

（6）查看文件。

命令格式：hadoop fs -cat［hdfs 中的文件路径］

如图 3-2-20 所示，可以通过 hadoop fs -cat /data/workers |head 命令查看/data 目录下 workers 文件中的内容，通过|head 限定查看前 10 条内容。

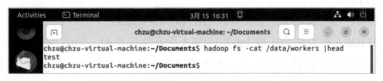

图 3-2-20　查看文件

（7）进入/退出安全模式。

有时，在 Hadoop 启动时不能对文件系统进行创建、删除文件等操作，此时，文件系统所处的状态叫作安全模式，可以使用以下命令设置进入/退出安全模式：

```
hadoopdfsadmin -safemode enter
hadoopdfsadmin -safemode leave
```

3.2.4　HDFS 编程实训

编程前的准备工作如下。

（1）安装 IntelliJ IDEA 集成工具。

① 下载 IntelliJ IDEA。

在 IntelliJ IDEA 官方网站下载安装包。

选择 Linux 下的 Community Edition 版本，点击 Download 按钮下载安装包，如图 3-2-21 所示。

图 3-2-21　下载 IntelliJ IDEA

② 解压安装包。

使用 tar -zxf ideaIC-2022.3.3.tar.gz 命令解压安装包，如图 3-2-22 所示

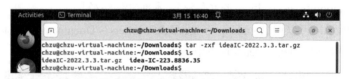

图 3-2-22　解压安装包

③ 将安装包移动到目录/usr/local 下。

使用命令 sudo mv idea-IC-223.8636.35/ /usr/local/将解压后的安装包移动到目录/usr/local 下，移动安装包如图 3-2-23 所示。

图 3-2-23　移动安装包

④ 运行启动脚本。

进入安装目录，运行脚本./bin/idea.sh，启动 IntelliJ IDEA。

启动 IntelliJ IDEA 后首先会出现 IntelliJ IDEA 用户协议界面，如图 3-2-24 所示。

选中图 3-2-24 中的复选框并点击下一步按钮后进入 IntelliJ IDEA 用户界面，如图 3-2-25 所示。

图 3-2-24　IntelliJ IDEA 用户协议界面

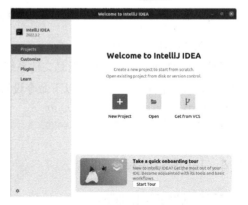

图 3-2-25　IntelliJ IDEA 用户界面

（2）安装并配置 Maven 环境。

① 下载并解压 Maven 安装包。

在 Maven 官网下载 Maven 安装包 apache-maven-3.9.0-bin.tar.gz，使用 tar -zxf apache-maven-3.9.0-bin.tar.gz 命令解压安装包，如图 3-2-26 所示。

图 3-2-26　解压 Maven 安装包

② 移动解压后的安装包到/usr/local 目录下。

使用 sudo mv apache-maven-3.9.0 /usr/local 命令移动解压后的安装包到/usr/local 目录下，如图 3-2-27 所示。

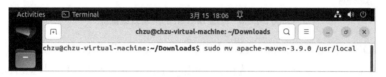

图 3-2-27　移动 Maven 安装包

③ 配置 Maven 环境变量。

通过 vi 命令修改/etc/profile 文件，配置 Maven 环境变量，如图 3-2-28 所示，按 Esc 键退出编辑，使用"Shift+:"组合键进入命令模式，输入 wq 即可保存并退出。修改完成后可使用 source /etc/profile 命令使之生效。

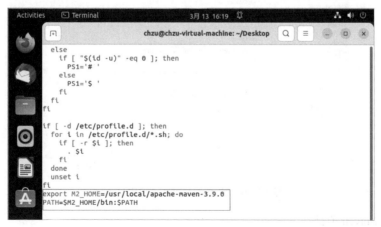

图 3-2-28　在 profile 中配置 Maven 环境变量

在 Maven 安装目录下的 conf 目录中修改 settings.xml 文件，配置阿里云镜像源。首先将原有配置使用<!-- -->符号注释，如图 3-2-29 所示，然后增加如下配置内容并保存退出。

```
<mirror>
<id>alimaven</id>
```

```
<name>aliyun maven</name>
<url>https://maven.aliyun.com/nexus/content/groups/public</url>
<mirrorOf>central</mirrorOf>
</mirror>
```

图 3-2-29　配置 Maven 的阿里云镜像源

在 IntelliJ IDEA 中配置 Maven，通过"File"→"Setting"查找 Maven 配置，如图 3-2-30 所示，选择安装的 Maven 目录和对应修改后的 settings.xml 配置文件即可。当 Maven 拉取依赖失败时，可查看当前项目是否成功切换到 Maven 环境下，切换成功后再次尝试拉取依赖。

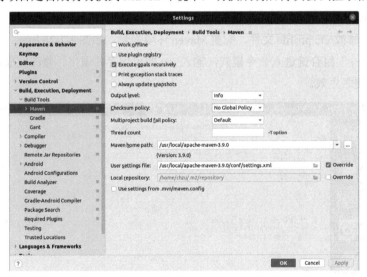

图 3-2-30　在 IntelliJ IDEA 中配置 Maven

（3）创建 Maven 项目。

使用 IntelliJ IDEA 集成工具创建 Maven 项目，如图 3-2-31 所示，在 pom.xml 文件中添加如下依赖，对 HDFS 进行编程操作。添加的依赖如下所示：

```
<dependencies>
<dependency>
<groupId>junit</groupId>
```

```
<artifactId>junit</artifactId>
<version>4.13.2</version>
</dependency>
<dependency>
<groupId>org.apache.logging.log4j</groupId>
<artifactId>log4j-core</artifactId>
<version>2.19.0</version>
</dependency>
<dependency>
<groupId>org.apache.hadoop</groupId>
<artifactId>hadoop-common</artifactId>
<version>3.3.4</version>
</dependency>
<dependency>
<groupId>org.apache.hadoop</groupId>
<artifactId>hadoop-client</artifactId>
<version>3.3.4</version>
</dependency>
<dependency>
<groupId>org.apache.hadoop</groupId>
<artifactId>hadoop-hdfs</artifactId>
<version>3.3.4</version>
</dependency>
<dependency>
<groupId>jdk.tools</groupId>
<artifactId>jdk.tools</artifactId>
<version>1.8</version>
<scope>system</scope>
<systemPath>${Java_HOME}/lib/tools.jar</systemPath>
</dependency>
</dependencies>
```

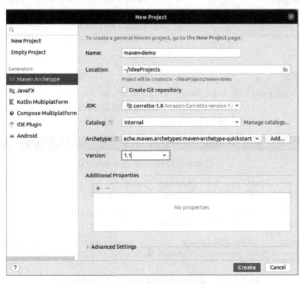

图 3-2-31　创建 Maven 项目

使用@Test 注解每一个操作案例方法，即可单独运行案例代码。

实训 1：在 HDFS 根目录下编写代码，创建/data/test 目录。

代码示例如下：

```
@Test
public void createDir() throws Exception,IOException,URISyntaxException {
  Configuration conf = new Configuration();
  conf.set("fs.defaultFS", "hdfs://localhost:9000");
  // 获取 HDFS 客户端对象
  FileSystem fs = FileSystem.get(conf);
  FileSystem fs = FileSystem.get(new java.net.URI("hdfs://localhost:9000")  , conf,
"chzu");
  // 在 HDFS 上创建目录
  fs.mkdirs(new Path("/data"));
  fs.mkdirs(new Path("/data/test"));
  // 关闭资源
  fs.close();
  System.out.println("操作完成");
}
```

使用程序创建 HDFS 目录的运行结果如图 3-2-32 所示。

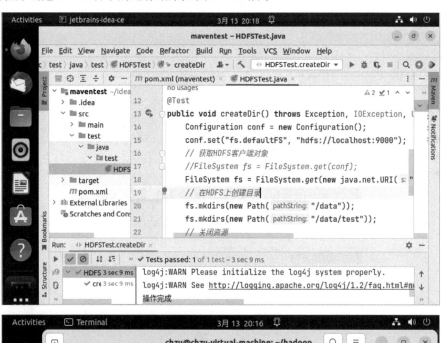

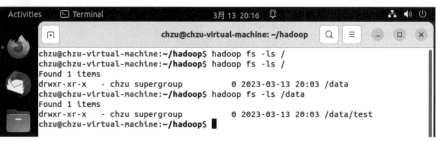

图 3-2-32　使用程序创建 HDFS 目录的运行结果

实训 2：编写代码，将本地磁盘中的一个文件上传到 HDFS 的/data/test 目录下。

代码示例如下：

```
@Test
public void testUploadLocalFile() throws IOException, InterruptedException,
URISyntaxException {
    // 获取 fs 对象
    FileSystem fs = FileSystem.get(new java.net.URI("hdfs://localhost:9000") , new
Configuration(), "chzu");
    // 执行上传
    fs.copyFromLocalFile(new Path("/home/chzu/chzukey.key"), new Path("/data/ test"));
    // 关闭资源
    fs.close();
    System.out.println("操作完成");
}
```

使用程序上传文件到 HDFS 的运行结果如图 3-2-33 所示。

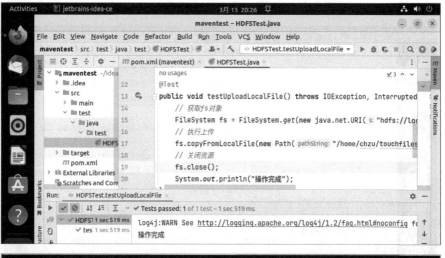

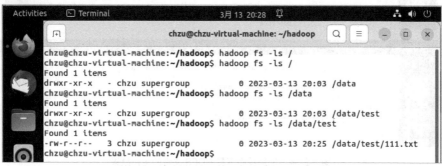

图 3-2-33　使用程序上传文件到 HDFS 的运行结果

实训 3：编写代码，从 HDFS 下载文件到本地文件系统。

代码示例如下：

```
@Test
public void testDownloadFile() throws IOException, InterruptedException,
URISyntaxException{
```

```
    // 获取文件系统
    Configuration configuration = new Configuration();
    FileSystem fs = FileSystem.get(new java.net.URI("hdfs://localhost:9000"),
configuration, "chzu");
    // 执行下载操作
    // copyToLocalFile(boolean delSrc, Path src, Path dst, boolean useRawLocalFileSystem)
    // boolean delSrc 表示是否将原文件删除
    // Path src 表示要下载的文件路径
    // Path dst 表示文件下载路径
    // boolean useRawLocalFileSystem 表示是否开启文件校验
    fs.copyToLocalFile(false, new Path("/data/test/111.txt"), new Path("/home/chzu/
Downloads/111.txt"), true);
    // 关闭资源
    fs.close();
    System.out.println("操作完成");
}
```

使用程序下载 HDFS 文件的运行结果如图 3-2-34 所示。

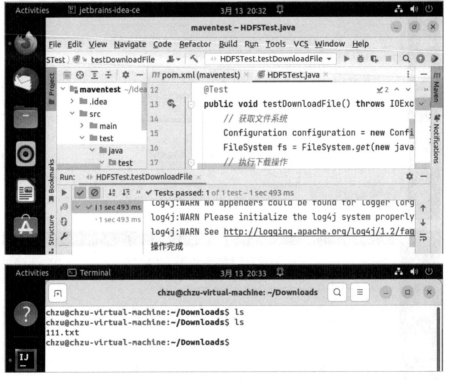

图 3-2-34　使用程序下载 HDFS 文件的运行结果

实训 4：编写代码，判断路径是文件还是文件夹。

代码示例如下：

```
@Test
public void testFileStatus() throws IOException, InterruptedException,
URISyntaxException{
    // 获取文件配置信息
```

```
        Configuration configuration = new Configuration();
        FileSystem fs = FileSystem.get(new java.net.URI("hdfs://localhost:9000"),
configuration, "chzu");
        // 判断路径是文件还是文件夹
        FileStatus[] listStatus = fs.listStatus(new Path("/"));
        for (FileStatusfileStatus :listStatus) {
            // 如果是文件
            if (fileStatus.isFile()) {
            System.out.println("文件:"+fileStatus.getPath().getName());
            }else {
            System.out.println("文件夹:"+fileStatus.getPath().getName());
            }
        }
        // 关闭资源
        fs.close();
        System.out.println("操作完成");
    }
```

使用程序判断 HDFS 路径是文件还是文件夹的运行结果如图 3-2-35 所示。

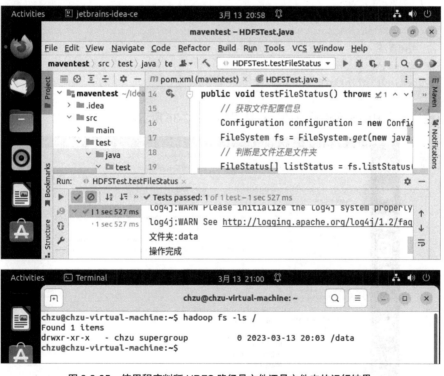

图 3-2-35　使用程序判断 HDFS 路径是文件还是文件夹的运行结果

实训 5：编写代码，查看文件详细信息。

代码示例如下：

```
@Test
public void testFileList() throws IOException, InterruptedException,
URISyntaxException{
    // 获取文件系统
```

```
Configuration configuration = new Configuration();
FileSystem fs = FileSystem.get(new java.net.URI("hdfs://localhost:9000"),
configuration, "chzu");
// 获取文件详情
RemoteIterator<LocatedFileStatus>listFiles = fs.listFiles(new Path("/data/"),
true);
while(listFiles.hasNext()){
  LocatedFileStatus status = listFiles.next();
  System.out.println("文件名：" + status.getPath().getName());
  System.out.println("长度：" + status.getLen());
  System.out.println("权限：" + status.getPermission());
  System.out.println("分组：" + status.getGroup());
  BlockLocation[] blockLocations = status.getBlockLocations();
  System.out.println("存储的块信息：" + status.getGroup());
  for (BlockLocationblockLocation :blockLocations) {
    String[] hosts = blockLocation.getHosts();
    for (String host : hosts) {
      System.out.println("获取块存储的主机节点："+host);
    }
  }
}

// 关闭资源
fs.close();
System.out.println("操作完成");
}
```

使用程序查看 HDFS 文件信息的运行结果如图 3-2-36 所示。

图 3-2-36　使用程序查看 HDFS 文件信息的运行结果

实训 6：编写代码，使用程序重命名 HDFS 文件。

代码示例如下：

```
@Test
public void testFileRename() throws IOException, InterruptedException,
URISyntaxException{
    // 获取文件系统
    Configuration configuration = new Configuration();
    FileSystem fs = FileSystem.get(new java.net.URI("hdfs://localhost:9000"),
configuration, "chzu");
    // 修改文件名称
    fs.rename(new Path("/data/test/111.txt"), new Path("/data/test/demo.txt"));
    // 关闭资源
    fs.close();
    System.out.println("操作完成");
}
```

使用程序重命名 HDFS 文件的运行结果如图 3-2-37 所示。

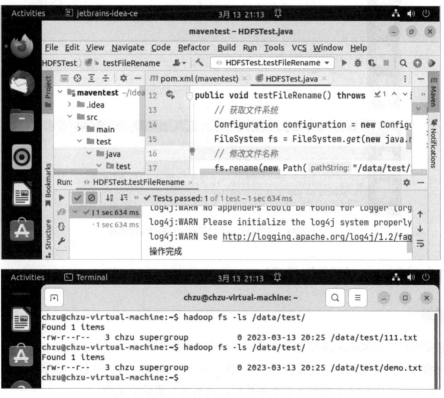

图 3-2-37　使用程序重命名 HDFS 文件的运行结果

实训 7：编写代码，删除 HDFS 文件。

代码示例如下：

```
@Test
public void testFileDelete() throws IOException, InterruptedException,
URISyntaxException{
    // 获取文件系统
```

```
    Configuration configuration = new Configuration();
    FileSystem fs = FileSystem.get(new java.net.URI("hdfs://localhost:9000"),
configuration, "chzu");
    // 执行删除
    fs.delete(new Path("/data/test"), true);
    // 关闭资源
    fs.close();
    System.out.println("操作完成");
}
```

使用程序删除 HDFS 文件的运行结果如图 3-2-38 所示。

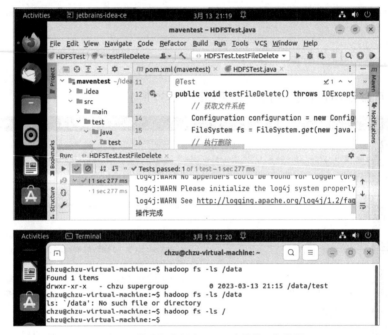

图 3-2-38　使用程序删除 HDFS 文件的运行结果

任务 3.3　Kafka 安装与编程

任务描述

掌握安装和配置 Kafka 的方法；掌握 Kafka 的基本操作命令并进行编程。

分别编写生产者代码和消费者代码，实现向主题写入数据、订阅主题、读取数据的功能，其中，生产者负责产生和向主题写入 100 条数据，消费者负责读取数据。

关键步骤

掌握安装 Kafka 的方法。

- 升级操作系统软件包。
- 安装 Java。

- 下载并安装 Kafka。
  - ➢ 安装 curl。
  - ➢ 使用 curl 下载 Kafka 安装包。
  - ➢ 创建安装目录并将 Kafka 安装包解压到此目录。
  - ➢ 使用启动脚本运行 Kafka 本地基础环境。
- 配置 Kafka 。
  - ➢ 配置生产端的配置文件 producer.properties。
  - ➢ 配置消费端的配置文件 consumer.properties。
  - ➢ 配置服务端的配置文件 server.properties。
- 在不同场景中练习，掌握创建主题、查看主题、查看主题信息、向主题写消息、从主题中读消息等基本操作命令。
- Kafka 编程实训。

3.3.1　Kafka 安装

安装 Kafka 需要通过升级操作系统软件包、下载和安装 Java、下载和安装 Kafka 三个步骤完成，具体操作如下所示。

（1）升级操作系统软件包。

Kafka 的运行需要 Java 环境，此处先安装 Java，如果系统已安装 Java，那么本部分内容可忽略。升级操作系统的软件包如图 3-3-1 所示，在 Ubuntu 22.04 中安装 Java 环境使用如下命令：

```
sudo apt update
sudo apt upgrade
```

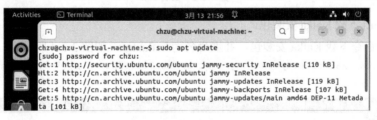

（a）sudo apt update

（b）sudo apt upgrade

图 3-3-1　升级操作系统的软件包

（2）下载和安装 Java。

如图 3-3-2 所示，使用以下命令安装 Java，如果系统已安装 Java，可跳过此步骤。

```
sudo apt install openjdk-8-jdk
```

图 3-3-2　安装 Java

（3）下载和安装 Kafka。

① 安装 curl。

如图 3-3-3 所示，安装 curl 下载工具软件，使用如下命令：

```
sudo apt install curl
```

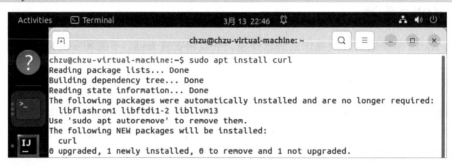

图 3-3-3　安装 curl

② 使用 curl 下载 Kafka 安装包。

使用以下命令下载 Kafka 安装包，并重命名为 kafka.tgz，如图 3-3-4 所示。

```
curl  https://archive.apache.org/dist/kafka/3.0.0/kafka_2.13-3.0.0.tgz --output
kafka.tgz
```

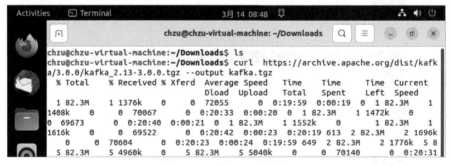

图 3-3-4　下载 Kafka 安装包

③创建安装目录并将 Kafka 安装包解压到此目录。

如图 3-3-5 所示，使用以下命令创建安装目录，并将 Kafka 安装包解压到此目录。

```
mkdir ~/kafka&& cd ~/kafka
```

```
tar -xvzf ~/Downloads/kafka.tgz --strip 1
```

图 3-3-5　解压安装包

④ 使用启动脚本运行 Kafka 本地基础环境。

如图 3-3-6 所示，进入 Kafka 安装目录，运行以下命令，按正确顺序启动所有服务：

```
bin/zookeeper-server-start.sh config/zookeeper.properties
```

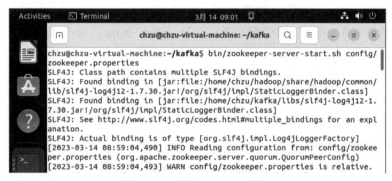

图 3-3-6　启动 Zookeeper 服务

打开另一个终端会话，进入 Kafka 安装目录并运行，启动 server 服务如图 3-3-7 所示。

```
bin/kafka-server-start.sh config/server.properties
```

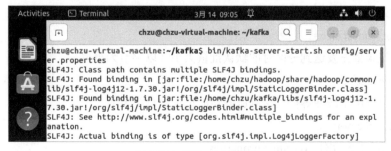

图 3-3-7　启动 server 服务

到此处就完成了 Kafka 的安装，接下来进行 Kafka 的配置工作。

3.3.2　Kafka 配置

Kafka 的配置文件主要集中在安装目录的 config 文件夹内，下面介绍三个主要配置文件，如图 3-3-8 所示。

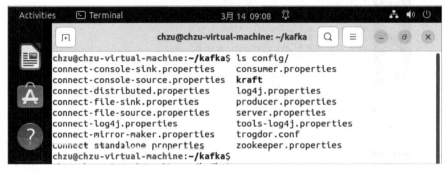

图 3-3-8　Kafka 的主要配置文件

1）生产端的配置文件 producer.properties

代理列表用于引导对集群其余部分的了解

格式：host1:port1,host2:port2 ...

（1）bootstrap.servers=localhost:9092。

指定生成的所有数据的压缩编/解码器：none、gzip、snappy、lz4、zstd

（2）compression.type=none。

用于分区事件的分区器的名称，默认分区会将数据随机分布

（3）#partitioner.class=。

客户端等待响应的最长时间

（4）#request.timeout.ms=。

KafkaProducer.send 和 KafkaProducer.partitionsFor 阻塞的时间长度

（5）#max.block.ms=。

生产者将等待给定的延迟时间，以允许其他记录被发送，以便可以将发送的记录批量处理。

（6）#linger.ms=。

请求的最大字节数

（7）#max.request.size=。

将多个记录批量发送到分区时的默认批量大小（以字节为单位）

（8）#batch.size=。

生产者可以用于缓冲等待发送到服务器的记录的总字节数

（9）#buffer.memory=。

2）消费端的配置文件 consumer.properties

代理列表用于引导对集群其余部分的了解

格式：host1:port1,host2:port2 ...

（1）bootstrap.servers=localhost:9092。

消费者组 ID

（2）group.id=test-consumer-group。

当 Kafka 中没有初始偏移量或当前偏移量在服务器上不存在时应采取的操作：latest、earliest、none

（3）#auto.offset.reset=。

3）服务端的配置文件 server.properties

（1）Server Basics。

Broker 的全局唯一编号，如果有多个 Broker 服务器，那么各个 Broker 的 ID 不得相同

broker.id=0

（2）Socket Server Settings。

该配置项指定了套接字服务器监听的地址。若未对其进行配置，则使用 java.net.InetAddress.getCanonicalHostName()返回的值作为默认值。该配置项的格式为"listeners = listener_name://host_name:port"，其中，listener_name 表示监听器的名称，host_name 表示主机名，port 表示端口号。例如，"listeners = PLAINTEXT://your.host.name:9092"表示使用 PLAINTEXT 监听器，在主机 your.host.name 上的 9092 端口进行监听。而"listeners = PLAINTEXT://:9092"表示在所有网络接口上的 9092 端口进行监听。

该配置项指定了 Broker 向生产者和消费者广播的主机名和端口号。若未对其进行设置，则会使用"listeners"配置项的值（如果已配置）。若未配置"listeners"，则会将 java.net.InetAddress.getCanonicalHostName() 返回的值作为默认值。该配置项的格式为"advertised.listeners=listener_name://host_name:port"，其中，listener_name 表示监听器的名称，host_name 表示主机名，port 表示端口号。例如，"advertised.listeners=PLAINTEXT://your.host.name:9092"表示在主机 your.host.name 上的 9092 端口进行广告。

#advertised.listeners=PLAINTEXT://your.host.name:9092

该配置项将监听器名称映射到安全协议。例如，"listener.security.protocol.map=PLAINTEXT:PLAINTEXT,SSL:SSL,SASL_PLAINTEXT:SASL_PLAINTEXT,SASL_SSL:SASL_SSL"表示 PLAINTEXT 监听器使用 PLAINTEXT 协议，SSL 监听器使用 SSL 协议，SASL_PLAINTEXT 监听器使用 SASL_PLAINTEXT 协议，SASL_SSL 监听器使用 SASL_SSL 协议。

#listener.security.protocol.map=PLAINTEXT:PLAINTEXT,SSL:SSL,SASL_PLAINTEXT:SASL_PLAINTEXT,SASL_SSL:SASL_SSL

该配置项指定了服务器用于从网络接收请求和向网络发送响应的线程数。在并发请求较多的情况下，可以增加该值，以提高服务器的性能。例如，"num.network.threads=3"表示服务器使用 3 个线程进行网络通信。

该配置项指定了服务器用于处理请求的线程数，这些请求可能包括磁盘 I/O 操作。在并发请求较多的情况下，可以增加该值，以提高服务器的性能。例如，"num.io.threads=8"表示服务器使用 8 个线程处理请求。

该配置项指定了 Socket 服务器使用的发送缓冲区的大小（SO_SNDBUF）。SO_SNDBUF 是操作系统为发送数据保留的缓冲区的大小，增加该值可以提高发送数据的效率。例如，"socket.send.buffer.bytes=102400"表示 Socket 服务器使用大小为 102400 字节的发送缓冲区。

该配置项指定了 Socket 服务器使用的接收缓冲区的大小（SO_RCVBUF）。SO_RCVBUF 是操作系统为接收数据保留的缓冲区的大小，增加该值可以提高接收数据的效率。该配置项的格式为"socket.receive.buffer.bytes=value"，其中，value 为一个整数值，表示缓冲区大小，以字节为单位。例如，"socket.receive.buffer.bytes=102400"表示 Socket 服务器使用大小为 102400 字节的接收缓冲区。

该配置项指定了 Socket 服务器将接收的最大请求大小，以避免 OOM（Out Of Memory）问题。如果客户端发送的请求的大小超过该值，那么服务器将拒绝处理该请求，并返回错误响应。该配置项的格式为"socket.request.max.bytes=value"，其中，value 为一个整数值，表示最大请求大小，以字节为单位。例如，"socket.request.max.bytes=104857600"表示 Socket 服务器将接收最大为 104857600 字节的请求。

（3）Log Basics。

该配置项指定了存储 Kafka 日志文件的目录。例如，"log.dirs=/tmp/kafka-logs"表示 Kafka 将日志文件存储在/tmp/kafka-logs 目录中。

该配置项指定了每个主题的默认日志分区数。在 Kafka 中，每个主题都可以分成多个分区，每个分区可以独立存储数据。增加分区可以提高消费并发度，但也会导致更多的文件跨越多个代理，因此需要权衡消费并发度和存储成本。例如，"num.partitions=1"表示每个主题的默认分区数为 1。

该配置项指定了在 Kafka 启动时和关闭时用于日志恢复和刷新的每个数据目录的线程数。Kafka 使用多个线程并行执行日志恢复和刷新操作，以提高性能。例如，"num.recovery.threads.per.data.dir=1"表示每个数据目录将使用 1 个线程进行日志恢复和刷新操作。

该配置项指定了组元数据内部主题"__consumer_offsets"和"__transaction_state"的复制因子。在 Kafka 中，组元数据是 Kafka 消费者组和分布式事务所需的一些元数据，如分配给每个消费者的分区和消费者组的偏移量。这些元数据存储在内部主题"__consumer_offsets"和"__transaction_state"中。建议在除开发测试外的任何情况下，都将复制因子设置为大于 1 的值，以确保其可用性。例如，"offsets.topic.replication.factor=3"表示将"__consumer_offsets"主题的复制因子设置为 3。

offsets.topic.replication.factor=1

transaction.state.log.replication.factor=1

transaction.state.log.min.isr=1

（4）Log Flush Policy。

消息会被立即写入文件系统，但在默认情况下，我们仅在必要时通过 fsync()同步操作系统缓存。以下配置用于将数据刷新到磁盘。

下面有几个重要的性能需要权衡。

持久性：如果您没有使用副本，那么未刷新的数据可能会丢失。

延迟：非常大的刷新间隔可能会导致延迟达到峰值，因为有很多数据需要刷新。

吞吐量：刷新通常是代价最高的操作，小的刷新间隔可能会导致过多的搜索。

下面的设置允许配置刷新策略，如在一段时间后或每 N 条消息（或两者都）后刷新数据。可以在全局范围内进行此配置，并可以在每个主题上进行覆盖。

在强制将数据刷新到磁盘之前要接收的消息数：

#log.flush.interval.messages=10000

在强制刷新到磁盘之前，消息在日志中停留的最长时间：

#log.flush.interval.ms=1000

（5）Log Retention Policy。

以下配置控制日志段的处理，该策略可以设置为在一段时间后删除日志段，或在累积了给定数量的日志段后删除日志段。

每当满足以下条件之一时，就会删除一个日志段。删除始终从日志末尾开始。

log.retention.hours=168

基于大小的日志保留策略。除非剩余的日志段低于 log.retention.bytes，否则将删除日志段。与 log.retention.hours 独立运行，配置如下。

#log.retention.bytes=1073741824

每个日志段文件的最大大小。当达到此大小时，将创建一个新的日志段。

log.segment.bytes=1073741824

周期性地检测和删除不符合保留条件的日志段文件。这个周期由以下参数进行配置：

log.retention.check.interval.ms=300000

（6）Zookeeper。

Zookeeper 连接字符串（详见 Zookeeper 文件）。这是一个由逗号分隔的主机-端口对列表，每个主机-端口对对应一个 Zookeeper 服务器。例如，"127.0.0.1:3000,127.0.0.1:3001,127.0.0.1:3002"。还可以在 URL 后附加可选的 chroot 字符串，以指定所有 KafkazNode 的根目录。

zookeeper.connect=localhost:2181

连接到 Zookeeper 的超时时间（以 ms 为单位）：

zookeeper.connection.timeout.ms=18000

以下配置指定 GroupCoordinator 将延迟初始消费者再平衡的时间（以 ms 为单位）。

当新成员加入组时，重新平衡将延迟时间是 group.initial.rebalance.delay.ms 的值，最长为 max.poll.interval.ms，默认值为 3s。在此处将其覆盖为 0，这是因为它对于开发和测试而言具有更好的开箱即用体验。然而，在生产环境中，默认值 3s 更加合适，因为这将有助于避免应用程序启动期间不必要的、潜在的、昂贵的再平衡。

group.initial.rebalance.delay.ms=0

3.3.3　Kafka 基本操作命令

Kafka 的基本操作命令主要包括创建主题、查看主题、查看主题信息、向主题写消息、从主题读消息等。

（1）创建主题。

如图 3-3-9 所示，使用 Kafka 命令创建一个测试主题，命令如下：

```
bin/kafka-topics.sh --create --partitions 1 --replication-factor 1 --topic test-topic
--bootstrap-server localhost:9092
```

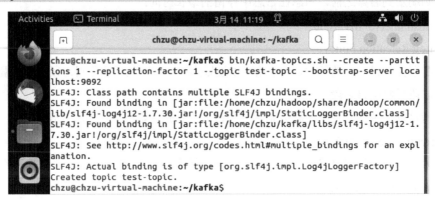

图 3-3-9　创建 Kafka 测试主题

（2）查看主题。

查看 Kafka 中当前已有的主题，如图 3-3-10 所示，命令如下：

```
bin/kafka-topics.sh --list --bootstrap-server localhost:9092
```

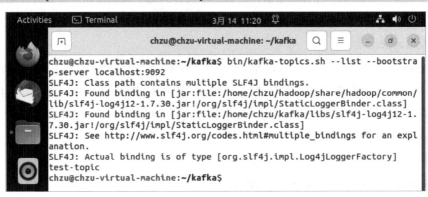

图 3-3-10　查看 Kafka 已有主题

（3）查看主题信息。

如图 3-3-11 所示，通过以下命令查看 Kafka 中主题的详细信息。

```
bin/kafka-topics.sh --describe --topic test-topic --bootstrap-server localhost:9092
```

（4）向主题写消息。

打开一个新的命令行窗口，使用命令运行生产者客户端，将一些事件写入 test-topic 主题，如图 3-3-12 所示。默认情况下，输入的每一行都会作为一个单独的事件被写入主题。

```
bin/kafka-console-producer.sh --topic test-topic --bootstrap-server localhost:9092
```

图 3-3-11　查看 Kafka 主题信息

图 3-3-12　写入 test-topic 主题

（5）从主题读消息。

打开另一个终端会话并运行消费者客户端，以读取刚刚写入的消息，如图 3-3-13 所示。

```
bin/kafka-console-consumer.sh --topic test-topic --from-beginning --bootstrap-server
localhost: 9092
```

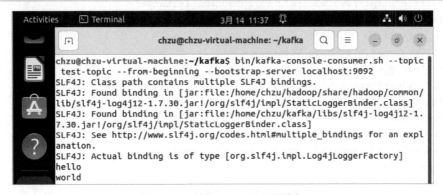

图 3-3-13　读取 test-topic 主题消息

因为消息被持久地存储在 Kafka 中，所以它们可以被尽可能多的消费者多次读取。可以打开另一个终端会话并重新运行上一条命令，以轻松验证这一点。

3.3.4 Kafka 编程实训

任务描述

分别编写生产者代码和消费者代码，实现向主题写入数据、订阅主题、读取数据的功能，其中，生产者代码负责产生和向主题写入 100 条数据，消费者负责读取数据。

使用 IntelliJ IDEA 创建 Maven 项目，添加 Java 连接 Kafka 所需要的依赖包到 pom.xml，编写代码操作 Kafka，如图 3-3-14 所示。

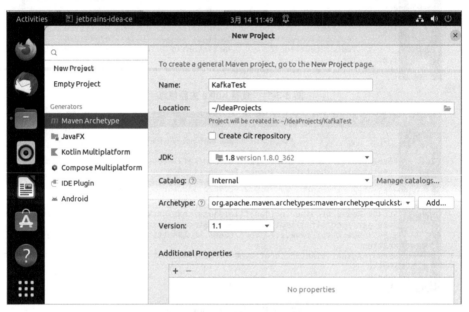

图 3-3-14　创建 Maven 项目

所需的 Maven 依赖：

```xml
<?xml version="1.0" encoding="UTF-8"?>
<project xmlns="http://maven.apache.org/POM/4.0.0"
xmlns:xsi="http://www.w3.org/2001/XMLSchema-instance"
xsi:schemaLocation="http://maven.apache.org/POM/4.0.0 http://maven.apache.org/xsd/
maven-4.0.0.xsd">
<modelVersion>4.0.0</modelVersion>
<groupId>org.example</groupId>
<artifactId>kafkademo</artifactId>
<version>1.0-SNAPSHOT</version>
<properties>
<maven.compiler.source>8</maven.compiler.source>
<maven.compiler.target>8</maven.compiler.target>
</properties>
<dependencies>
<!-- https://mvnrepository.com/artifact/org.apache.kafka/kafka -->
<dependency>
<groupId>org.apache.kafka</groupId>
<artifactId>kafka_2.13</artifactId>
```

```
<version>3.0.0</version>
</dependency>
<!-- https://mvnrepository.com/artifact/org.apache.kafka/kafka-clients -->
<dependency>
<groupId>org.apache.kafka</groupId>
<artifactId>kafka-clients</artifactId>
<version>3.3.1</version>
</dependency>
<!-- https://mvnrepository.com/artifact/org.apache.kafka/kafka-streams -->
<dependency>
<groupId>org.apache.kafka</groupId>
<artifactId>kafka-streams</artifactId>
<version>3.3.1</version>
</dependency>
</dependencies>
</project>
```

生产者代码：

```java
import org.apache.kafka.clients.producer.KafkaProducer;
import org.apache.kafka.clients.producer.ProducerRecord;
import org.apache.kafka.common.serialization.StringSerializer;

import java.util.Properties;

public class KafkaProducerDemo implements Runnable{

  private final KafkaProducer producer;
  private final String topic;
  public KafkaProducerDemo(String topicName) {
    Properties props = new Properties();
    props.put("bootstrap.servers", "localhost:9092");
    props.put("acks", "all");
    props.put("retries", 0);
    props.put("batch.size", 16384);
    props.put("key.serializer", StringSerializer.class.getName());
    props.put("value.serializer", StringSerializer.class.getName());
    this.producer = new KafkaProducer<String, String>(props);
    this.topic = topicName;
  }

  @Override
  public void run() {
    int messageNo = 1;
    try {
      for(;;) {
        String messageStr="这是第"+messageNo+"条测试数据";
        producer.send(new ProducerRecord<String, String>(topic, "Message", messageStr));
        //每生产 10 条数据打印一次
        if(messageNo%10==0){
```

```
        System.out.println("发送的信息:" + messageStr);
    }
    //生产100条数据退出
    if(messageNo%100==0){
    System.out.println("成功发送了"+messageNo+"条");
        break;
    }
    messageNo++;
    }
} catch (Exception e) {
    e.printStackTrace();
} finally {
    producer.close();
    }
}

public static void main(String args[]) {
    KafkaProducerDemo test = new KafkaProducerDemo("test");
    Thread thread = new Thread(test);
    thread.start();
    }
}
```

生产者代码运行结果如图 3-3-15 所示。

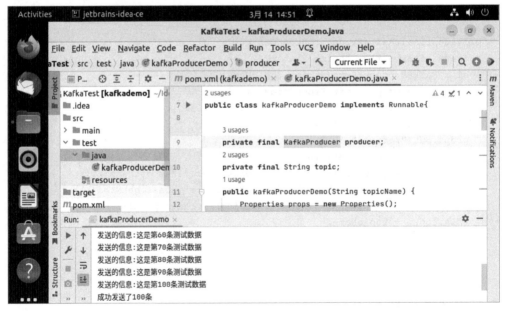

图 3-3-15　生产者代码运行结果

消费者代码:

```java
import org.apache.kafka.clients.consumer.ConsumerRecord;
import org.apache.kafka.clients.consumer.ConsumerRecords;
import org.apache.kafka.clients.consumer.KafkaConsumer;
import org.apache.kafka.common.serialization.StringDeserializer;

import java.time.Duration;
import java.util.Arrays;
import java.util.Properties;

public class KafkaConsumerDemo implements Runnable{

    private final KafkaConsumer<String, String> consumer;
    private ConsumerRecords<String, String>msgList;
    private final String topic;
    private static final String GROUPID = "groupA";

    public KafkaConsumerDemo(String topicName) {
        Properties props = new Properties();
        props.put("bootstrap.servers", "localhost:9092");
        props.put("group.id", GROUPID);
        props.put("enable.auto.commit", "true");
        props.put("auto.commit.interval.ms", "1000");
        props.put("session.timeout.ms", "30000");
        props.put("auto.offset.reset", "earliest");
        props.put("key.deserializer", StringDeserializer.class.getName());
        props.put("value.deserializer", StringDeserializer.class.getName());
        this.consumer = new KafkaConsumer<String, String>(props);
        this.topic = topicName;
        this.consumer.subscribe(Arrays.asList(topic));
    }

    @Override
    public void run() {
        int messageNo = 1;
        System.out.println("---------开始消费---------");
        try {
            for (;;) {
                msgList = consumer.poll(Duration.ofMillis(1000));
                if(null!=msgList&&msgList.count()>0){
                    for (ConsumerRecord<String, String>record :msgList) {
                        System.out.println(messageNo+"=======receive: key = " + record.key() + ",
value = " + record.value()+" offset==="+record.offset());
                        //消费100条数据就退出
                        if(messageNo%100==0){
                            break;
                        }
                        messageNo++;
```

```
      }
    }else{
      Thread.sleep(1000);
    }
  }
  } catch (InterruptedException e) {
    e.printStackTrace();
  } finally {
    consumer.close();
  }
}
public static void main(String args[]) {
  KafkaConsumerDemo test1 = new KafkaConsumerDemo("test");
  Thread thread1 = new Thread(test1);
  thread1.start();
}
}
```

消费者代码运行结果如图 3-3-16 所示。

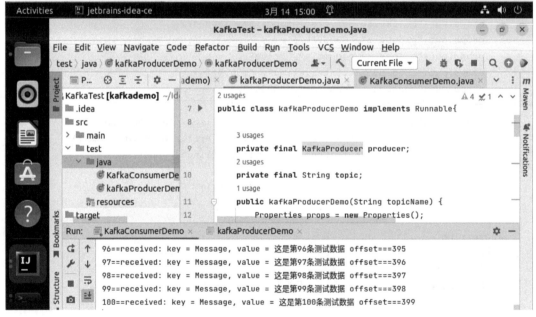

图 3-3-16 消费者代码运行结果

任务 3.4　Flink 安装与编程

任务描述

掌握安装和配置 Flink 的方法；掌握 Flink 的基本操作命令并进行编程。

创建 Flink 项目，实现读取 Socket 文本流、使用空格符分割文本、计算词频、实时接收输入文本进行计算等功能。

关键步骤

掌握安装 Flink 的方法。

- 测试是否安装 Java。
- 下载和安装 Flink。
- 启动 Flink 集群。
- 配置 Flink。
  - ➢ 基础配置。
  - ➢ 高可用性配置。
  - ➢ Web 前端配置。
  - ➢ 高级配置。
  - ➢ Flink 集群安全配置。
  - ➢ Zookeeper 安全配置。
  - ➢ HistoryServer 配置。
- 在不同场景中练习，掌握 flink run、flink run -m yarn-cluster、flink list、flink stop、flink cancel、flinksavepoint 等 Flink 基本操作命令。
- 创建 Flink 项目，实现读取 Socket 文本流、使用空格符分割文本、计算词频、实时接收输入文本进行计算等功能。

3.4.1　Flink 安装

Flink 有三种部署模式，分别是 Local、Standalone Cluster 和 YARN Cluster。对于 Local 模式来说，JobManager 和 TaskManager 用同一个 JVM 来完成作业。如果要验证一个简单的应用，那么采用 Local 模式是最方便的。

在实际应用中，大多使用 Standalone 模式或 YARN Cluster 模式。而采用 local 模式只要将安装包解压启动（./bin/start-cluster.sh）即可。此处以 Local 模式为例进行介绍。

（1）测试是否安装 Java。

为了运行 Flink，需要提前安装好 Java 8 或 Java 11。可以通过以下命令来检查 Java 是否已经正确安装，如图 3-4-1 所示。如果未安装，可以参考前面的章节进行安装。

```
java -version
```

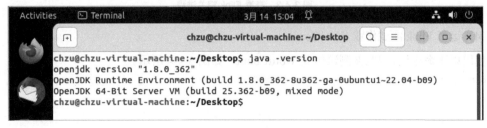

图 3-4-1　测试是否安装 Java

（2）下载和安装 Flink。

前往 Flink 官网下载最新安装包。

点击 Downloads 按钮，其中，flink-1.16.1-bin-scala_2.12.tgz 中的 1.16.1 为 Flink 版本，2.12 为 Scala 版本。

创建安装目录并解压安装包到安装目录，使用以下命令解压 Flink 安装包，如图 3-4-2 所示。

```
mkdir ~/flink&& cd ~/flink
tar -xzf ~/Downloads/flink-1.16.1-bin-scala_2.12.tgz --strip 1
```

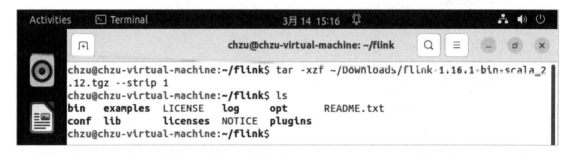

图 3-4-2　解压 Flink 安装包

（3）启动 Flink 集群。

使用以下命令启动 Flink 集群，查看 Flink 相关进程，如图 3-4-3 所示。

```
bin/start-cluster.sh
```

使用 jps 命令查看相关进程是否开启。

图 3-4-3　查看 Flink 相关进程

（4）运行 Flink 测试作业 WordCount。

使用以下命令运行 Flink 测试作业 WordCount，如图 3-4-4 所示。

```
bin/flink run examples/streaming/WordCount.jar
```

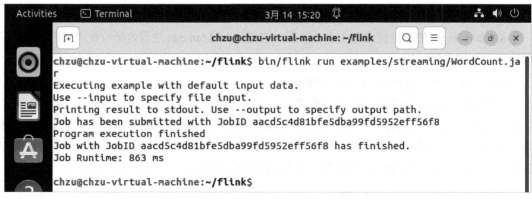

图 3-4-4 运行 Flink 测试作业 WordCount

3.4.2 Flink 配置

Flink 的 conf 目录下主要有 flink-conf.yaml、log4j.properties、zoo.cfg 等配置文件，如图 3-4-5 所示。

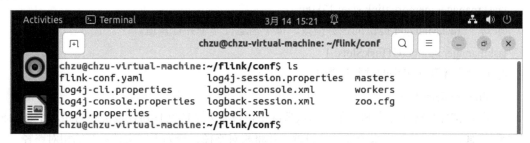

图 3-4-5 Flink 的配置文件

本小节以 flink-conf.yaml 为例介绍其中的配置内容。

（1）Common。

① JobManager 运行的主机的外部地址可以被 TaskManagers 和任何想要连接的客户端访问。此设置仅在独立模式下使用，并且可以通过在 bin/jobmanager.sh 可执行文件的--host <hostname> 参数上指定 IP 地址来在 JobManager 端上进行覆盖。在高可用模式下，若使用 bin/start-cluster.sh 脚本并设置 conf/masters 文件，则将自动处理。YARN 会根据 JobManager 运行的节点的主机名自动配置主机名。

jobmanager.rpc.address: localhost

② JobManager 可被访问的 RPC 端口。

jobmanager.rpc.port: 6123

③ JobManager 将绑定到的主机接口。

在默认情况下，JobManager 将绑定到的主机接口应是 localhost，并且会阻止 JobManager 在除所在的机器/容器外的其他机器/容器上进行通信。在 YARN 上，如果将此设置为 "localhost"，则将忽略此设置，而默认为 0.0.0.0。在 Kubernetes 上，也将忽略此设置，并默认为 0.0.0.0。要启用此功能，请将绑定主机地址设置为可以访问外部网络接口的地址，如 0.0.0.0。

jobmanager.bind-host: localhost

④ JobManager 的总进程内存大小。注意，这包括 JobManager 进程内所有使用的内存，包括 JVM 元空间和其他开销。

jobmanager.memory.process.size: 1600m

⑤ TaskManager 将绑定到的主机接口。默认情况下，应是 localhost，并且会阻止 TaskManager 在除所在的机器/容器外的其他机器/容器上进行通信。在 YARN 上，如果将此设置为"localhost"，则将忽略此设置，而默认为 0.0.0.0。在 Kubernetes 上，也将忽略此设置，并默认为 0.0.0.0。要启用此功能，请将绑定主机地址设置为可以访问外部网络接口的地址，如 0.0.0.0。

taskmanager.bind-host: localhost

⑥ TaskManager 的总进程内存大小。注意，这包括 TaskManager 进程内所有使用的内存，包括 JVM 元空间和其他开销。

taskmanager.memory.process.size: 1728m

⑦ 为了排除 JVM 元空间和其他开销，请使用 Flink 内存的总大小，而不是"taskmanager. memory. process.size"。不建议同时设置"taskmanager.memory.process.size"和 Flink 内存。

#taskmanager.memory.flink.size: 1280m

⑧ 每个 TaskManager 提供的任务槽数。每个槽运行一个并行管道。

taskmanager.numberOfTaskSlots: 1

⑨ 运行程序默认采用的并行度为 1。

parallelism.default: 1

⑩ 默认文件系统的方案和权限。默认情况下，没有方案的文件路径被解释为相对于本地根文件系统"file:///"。使用它来覆盖默认设置，并将相对路径解释为不同文件系统的相对路径，如"hdfs：// mynamenode:12345"。

#fs.default-scheme

（2）High Availability。

① Flink 的高可用性设置。可以选择使用 NONE 或 Zookeeper 模式。

high-availability: zookeeper

② 用于主节点恢复的元数据持久化路径。

high-availability.storageDir: hdfs:///flink/ha/

③ Zookeeper 协调高可用性设置的节点列表。这必须是一个形式为"host1:clientPort, host2:clientPort,..."的列表（默认 clientPort: 2181）。

high-availability.zookeeper.quorum: localhost:2181

④ ACL 选项基于 https://zookeeper.apache.org/doc/r3.1.2/zookeeperProgrammers.html#sc_BuiltinACLSchemes，它可以是"creator"（ZOO_CREATE_ALL_ACL）或"open"（ZOO_OPEN_ACL_UNSAFE），默认值是"open"，若启用了 Zookeeper 安全性，则可以更改为"creator"。

#high-availability.zookeeper.client.acl: open

（3）Fault Tolerance and Checkpointing。

① 当启用检查点时，用于存储操作符状态检查点的后端。若 execution.checkpointing. interval>0，则启用检查点，执行检查点相关参数。详细信息请参考 CheckpointConfig 和 ExecutionCheckpointingOptions。

```
# 设置检查点的间隔时间
execution.checkpointing.interval: 3min
# 该配置项定义了在任务取消时如何清理外部化的检查点。一般会配置为 RETAIN_ON_CANCELLATION，即任务取消
# 时保留检查点。而 DELETE_ON_CANCELLATION 表示任务取消时删除检查点，只有在任务失败时，检查点才会被保留
execution.checkpointing.externalized-checkpoint-retention: [DELETE_ON_CANCELLATION,
RETAIN_ON_CANCELLATION]
# 设置最大并发检查点的数量
execution.checkpointing.max-concurrent-checkpoints: 1
# 定义一个检查点的完成和下一个检查点的开始之间必须经过的时间
execution.checkpointing.min-pause: 0
# 检查点模式，默认值 EXACTLY_ONCE，可选项 AT_LEAST_ONCE
execution.checkpointing.mode: [EXACTLY_ONCE, AT_LEAST_ONCE]
# 设置检查点的超时时间
execution.checkpointing.timeout: 10min
# 允许检查点连续失败的次数，默认值是 0
execution.checkpointing.tolerable-failed-checkpoints: 0
# 是否启用未对齐的检查点
execution.checkpointing.unaligned: false
```

② 支持的后端包括"hashmap""rocksdb""class-name-of-factory"。

state.backend: hashmap

③ 用于默认捆绑状态后端的检查点文件系统目录。

state.checkpoints.dir: hdfs://namenode-host:port/flink-checkpoints

④ 保存点的默认目标目录，可选。

state.savepoints.dir: hdfs://namenode-host:port/flink-savepoints

⑤ 用于支持增量检查点（如 RocksDB 状态后端）的后端，启用/禁用增量检查点。

state.backend.incremental: false

⑥ 故障转移策略，即作业由故障状态恢复的方式，如果它们产生的数据不可再用于消费，那么只重新启动可能受到故障影响的任务，通常包括下游任务和可能的上游任务。

jobmanager.execution.failover-strategy: region

（4）REST & Web Frontend。

① REST 客户端连接的端口。即使没有指定 rest.bind-port，服务器也会绑定到此端口。

#rest.port: 8081

② REST 客户端连接的地址。

rest.address: localhost

③ REST 客户端和 Web 服务器绑定的端口范围。

#rest.bind-port: 8080-8090

④ REST 客户端和 Web 服务器绑定的地址，默认情况下是 localhost，这会阻止 REST 客户端和 Web 服务器与除其运行的机器/容器外的网络接口进行通信。要启用此功能，请将绑定地址设

置为可以访问外部网络接口的地址，如 0.0.0.0。

rest.bind-address: localhost

⑤ 用于指定是否从基于 Web 的运行时监视器启用作业提交的标志。

#web.submit.enable: false

⑥ 用于指定是否从基于 Web 的运行时监视器启用作业取消的标志。取消注释以禁用取消作业。

#web.cancel.enable: false

（5）Advanced。

① 覆盖临时文件的目录。若未指定，则使用系统特定的 Java 临时目录（java.io.tmpdir 属性）。对于 YARN 上的框架设置，Flink 将自动选择容器的临时目录，无须任何配置。添加用于多个目录的分隔列表，使用系统目录分隔符（UNIX 上的冒号 " : "）或逗号，如 /data1/tmp:/data2/tmp:/data3/tmp。

注意：每个目录条目由不同的 I/O 线程读取和写入。可以多次包含相同的目录，以便针对该目录创建多个 I/O 线程。这对于高吞吐量 RAID 而言非常重要。

#io.tmp.dirs: /tmp

② 类加载解析顺序。可能的值为 "child-first"（Flink 的默认设置）和 "parent-first"（Java 的默认设置）。"child-first" 类加载允许用户在其应用程序中使用不同的依赖库/版本，而不是类路径中的依赖库/版本。切换回 "parent-first" 可能有助于调试依赖项问题。

#classloader.resolve-order: child-first

③ 网络堆栈占用的内存量。这些数字通常无须调整，若出现 "网络缓冲区数量不足" 的错误提示，则可能需要进行调整。默认值的最小值为 64MB，最大值为 1GB。

#taskmanager.memory.network.fraction: 0.1

#taskmanager.memory.network.min: 64mb

#taskmanager.memory.network.max: 1gb

（6）Flink Cluster Security Configuration。

Kerberos 认证可用于各种组件，包括 Hadoop、Zookeeper 和连接器，分为四个步骤：配置本地的 krb5.conf 文件；提供 Kerberos 凭据（使用 keytab 或 kinit 命令获取 ticket cache）；将凭据提供给各种 JAAS 登录上下文；配置连接器，以使用 JAAS/SASL。

以下配置说明如何提供 Kerberos 凭据。若设置了 keytab 路径和 principal，则将使用 keytab 而不是 ticket cache。

#security.kerberos.login.use-ticket-cache: true

#security.kerberos.login.keytab: /path/to/kerberos/keytab

#security.kerberos.login.principal: flink-user

以逗号分隔的登录上下文列表。

#security.kerberos.login.contexts: Client,KafkaClient

（7）Zookeeper Security Configuration。

① 以下配置仅适用于已配置安全性的 Zookeeper 集群，如果已配置，那么覆盖下面的配置，

以提供自定义 Zookeeper 服务名称。

#zookeeper.sasl.service-name: zookeeper

②下面的配置必须匹配"security.kerberos.login.contexts"中设置的一个值。

#zookeeper.sasl.login-context-name: Client

（8）HistoryServer。

① HistoryServer 通过 bin/historyserver.sh (start|stop) 启动和停止上传已完成作业的目录。需要将此目录添加到 HistoryServer 的监视目录列表中。

#jobmanager.archive.fs.dir: hdfs:///completed-jobs/

② 基于 Web 的 HistoryServer 监听的地址。

#historyserver.web.address: 0.0.0.0

③ 基于 Web 的 HistoryServer 监听的端口。

#historyserver.web.port: 8082

3.4.3　Flink 基本操作命令

Flink 基本操作命令包括 flink run、flink run -m yarn-cluster、flink list、flink stop、flink cancel、flink savepoint 等，下面分别介绍其用法。

（1）flink run [option]。

-c,--class <classname>：需要指定的 main 方法的类。

-C,--classpath<url>：向每个用户代码添加 url，它通过 UrlClassLoader 加载。url 需要指定文件的 schema，如 file://。

-d,--detached：在后台运行。

-p,--parallelism <parallelism>：job 需要指定 env 的并行度，一般情况下需要设置此值。

-q,--sysoutlogging：禁止将 logging 输出作为标准输出。

-s,--fromsavepoint<savepointPath>：基于 savepoint 保存下来的路径进行恢复。

-sas,--shutdownOnAttachedExit：如果采用前台的方式提交，那么当客户端中断时，集群执行的任务也会关闭。

flink run 命令运行示例如图 3-4-6 所示。

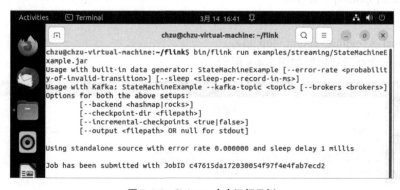

图 3-4-6　flink run 命令运行示例

（2）flink run -m yarn-cluster。

-m,--jobmanager：yarn-cluster 集群。

-yd,--yarndetached：后台。

-yjm,--yarnjobmanager：JobManager 的内存。

-ytm,--yarntaskmanager：TaskManager 的内存。

-yn,--yarncontainer：TaskManager 的个数。

-yid,--yarnapplicationId：job 依附的 applicationId。

-ynm,--yarnname：application 的名称。

-ys,--yarnslots：分配的 slots 个数。

例如，flink run -m yarn-cluster -yd -yjm 1024m -ytm 1024m -ynm -ys 1。

（3）flink list。

-r,--runing：列出正在运行的作业。

-s,--scheduled：列出已调度完成的作业。

flink list 命令运行示例如图 3-4-7 所示。

图 3-4-7　flink list 命令运行示例

（4）flink stop。

-d,--drain：在获取 savepoint、停止 pipeline 之前发送 MAX_WATERMARK。

-p,--savepointPath：指定 savepoint 的 Path，若不指定，则使用默认值（state.savepoints.dir）。

（5）flink cancel。

① 取消正在运行的作业。

flink cancel [options] <job_id>

② 取消正在运行的作业并将其保存到相应的保存点。

flink cancel -s/--withsavepoint <job_id>

flink cancel 命令运行示例如图 3-4-8 所示。

图 3-4-8　flink cancel 命令运行示例

（6）flink savepoint。

语法：flink savepoint [options] <job_id><target directory>。

① 触发保存点。

flink savepoint<job_id><hdfs://xxxx/xx/x>

② 使用 YARN 触发保存点。

flink savepoint<job_id><target_directory> -yid <application_id>

③ 使用 savepoint 取消作业。

flink cancel -s <tar_directory><job_id>

④ 从保存点恢复。

flink run -s <target_directoey>[:runArgs]

如果恢复的程序对逻辑进行了修改（如删除算子），那么可以指定 allowNonRestoredState 参数恢复。

flink run -s <target_directory> -n/--allowNonRestoredState[:runArgs]

3.4.4 Flink 编程实训

【实训要求】

创建 Flink 项目，实现以下功能：读取 Socket 文本流；使用空格符分割文本计算词频；实时接收输入文本，进行计算。

（1）创建 Flink 流计算项目。

在 IntelliJ IDEA 中创建一个新的项目，选择 Maven 项目，如图 3-4-9 所示。

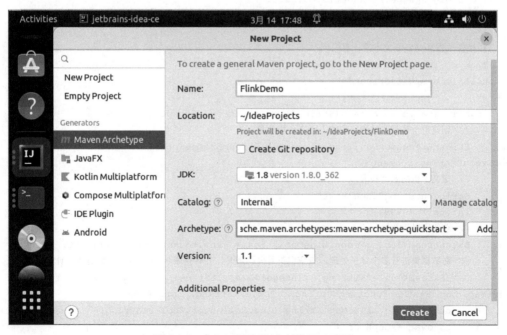

图 3-4-9 在 IntelliJ IDEA 中创建 Flink 项目

创建完项目后，在 pom.xml 文件中添加依赖文件，如下所示。

```xml
<dependencies>
  <dependency>
    <groupId>org.apache.flink</groupId>
    <artifactId>flink-streaming-java</artifactId>
    <version>1.16.1</version>
      <!-- <scope>provided</scope> -->
  </dependency>
  <dependency>
    <groupId>org.apache.flink</groupId>
    <artifactId>flink-clients</artifactId>
    <version>1.16.1</version>
      <!-- <scope>provided</scope> -->
  </dependency>
  <dependency>
    <groupId>org.apache.logging.log4j</groupId>
    <artifactId>log4j-core</artifactId>
    <version>2.19.0</version>
    <scope>runtime</scope>
  </dependency>
</dependencies>
```

（2）代码示例如下。

```java
import org.apache.flink.api.common.functions.FlatMapFunction;
import org.apache.flink.api.java.tuple.Tuple2;
import org.apache.flink.streaming.api.datastream.DataStream;
import org.apache.flink.streaming.api.environment.StreamExecutionEnvironment;
import org.apache.flink.util.Collector;

/**
 * 接收远程 Socket 文本流计算词频
 */
public class DataStreamJob {

    public static void main(String[] args) throws Exception {
        // 创建用于执行实时流处理的上下文环境变量
        StreamExecutionEnvironment  env = StreamExecutionEnvironment
.getExecutionEnvironment();
        // 定义主机的名称和端口
        String host = "localhost";
        int port = 9999;
        // 获取实时流数据
        DataStream<String>inputLineDataStream= env.socketTextStream(host, port);
        // 对数据集进行多个算子处理，按空白符号分词展开，并转换成(word,1)二元组进行统计
        DataStream<Tuple2<String, Integer>>resultStream = inputLineDataStream
.flatMap(new FlatMapFunction<String, Tuple2<String, Integer>>() {
            public void flatMap(String line,Collector<Tuple2<String, Integer>> out)
            throws Exception {
                // 按空白符号分词展开
```

```
        String[]  wordArray = line.split("\\s");
        // 遍历所有 word，将其包装成二元组输出
        for  (String word : wordArray) {
          out.collect(new Tuple2<String,  Integer>(word, 1));
        }
      }
    }).keyBy(0)
    // 返回的是一个个的(word,1)形式的二元组，按照第一个位置的 word 分组，因为此实时
    // 流是无界的，即数据并不完整，所以不用 group.sum(1);
    // 对第二个位置上的词频数据求和
    // 打印计算出来的(word,freq)的统计结果对
    resultStream.print();
    // resultStream.writeAsText("./output",
    // FileSystem.WriteMode.OVERWRITE). setParallelism(2);

    // 正式启动实时流处理引擎
    env.execute();
  }
}
```

运行程序前需要执行以下步骤。

步骤 1. 在运行程序前需要事先开启本机 Socket 监听，在对应操作系统下安装 netcat 工具。

步骤 2. 使用命令 nc -l -p 9999 开启实时监听。

步骤 3. 运行示例程序，在 netcat 监听的窗口输出任意字符，如图 3-4-10 所示，即可在示例代码运行窗口显示统计的词频，如图 3-4-11 所示。

图 3-4-10　在 netcat 监听的窗口输出任意字符

此外，还可以使用命令 mvn clean package 将代码打包为 jar 包，使用 Flink Web UI 点击上传按钮，选择 jar 包后进行上传，创建 job 运行作业。

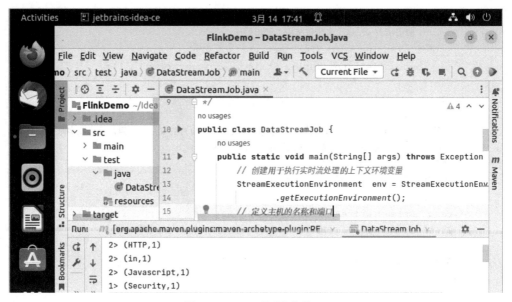

图 3-4-11 Flink 代码运行演示

小结

Hadoop、Kafka 和 Flink 是用于大数据处理的三种流行的开源技术。Hadoop 是一种分布式处理框架，用于在商品硬件集群中存储和处理大型数据集。Hadoop 的核心组件包括用于存储的 Hadoop 分布式文件系统（HDFS）和用于处理的 MapReduce。Hadoop 还包括其他工具，如 Pig、Hive 和 HBase，用于数据处理和分析。Kafka 是一种分布式流平台，用于构建实时数据流水线和流应用程序。Kafka 提供高吞吐量、低延迟的平台，用于处理实时数据流。Kafka 通常用于将数据提供给其他大数据处理框架，如 Hadoop 和 Flink。Flink 是一种分布式处理框架，用于实时数据流和批处理。Flink 支持各种数据源，并可以在同一框架内进行批处理和流处理。Flink 还提供类似 SQL 的接口，用于数据处理，使其可供更多的用户使用。总体而言，Hadoop、Kafka 和 Flink 是处理和分析大数据的强大工具，它们各自具有独特的优点，并可以综合运用，以创建全面的大数据解决方案。

习题

1. 设计一个 Shell 脚本，用于自动备份 MySQL 数据库，要求脚本能够完成以下任务。
① 用户可以输入数据库的名称、用户名和密码，脚本能够通过这些信息连接到数据库。
② 用户可以指定备份文件的名称和备份目录。
③ 脚本能够自动创建备份目录，若目录已存在，则不需要创建。
④ 脚本能够备份整个数据库或指定的表。
⑤ 脚本应该能够将备份文件压缩成.tar.gz 格式。
⑥ 脚本应该记录备份开始时间、备份结束时间和备份文件的名称。

2．设计一个基于 HDFS 的文件分布式处理程序，要求程序能够完成以下任务。

① 用户可以输入待处理的文件路径，程序能够从 HDFS 中读取该文件。

② 处理程序能够对输入的文件进行行数统计，并将统计结果输出到控制台。

③ 处理程序能够将统计结果保存到 HDFS 指定的输出目录下，输出文件名的格式为 "inputFileName_lineCount.txt"。例如，若输入文件名为 "sample.txt"，则输出文件名为 "sample_lineCount.txt"。

④ 程序应该具有错误处理机制，能够处理无效的输入路径等，并能够输出相应的错误信息。

3．设计一个基于 Apache Kafka 的消息处理程序，要求程序能够完成以下任务。

① 用户可以指定 Kafka 的主题、消费组 ID 和 Kafka 集群的连接信息，程序能够通过这些信息连接到 Kafka 集群并订阅指定主题。

② 程序应该支持多线程处理，用户可以指定线程数。

③ 处理程序能够从指定的 Kafka 主题中消费消息，并能将消息处理结果输出到控制台。

④ 处理程序应该支持将处理结果保存到指定的 Kafka 主题中，以及将处理结果保存到指定的文件中，用户可以选择其中一种操作或同时进行两种操作。

⑤ 程序应该具有错误处理机制，能够处理无效的连接信息、主题名称等，并能够输出相应的错误信息。

4．设计一个基于 Apache Flink 的数据流处理程序，要求程序能够完成以下任务。

① 用户可以指定数据源文件路径、数据处理逻辑及结果输出方式。数据源可以是本地文件或网络上的文件（如 HTTP 或 FTP 服务器）。

② 程序能够读取指定路径下的文件，将文件中的数据转换为 Flink 数据流并进行处理。

③ 用户可以指定数据处理逻辑，如对每一行数据进行分词、过滤等操作。

④ 处理程序应该支持将处理结果保存到指定的文件或输出到控制台中，用户可以选择其中一种操作或同时进行两种操作。

⑤ 程序应该具有错误处理机制，能够处理无效的文件路径，还能处理逻辑错误等情况，并能够输出相应的错误信息。

第4章
机器学习

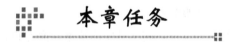

技能目标

◎ 理解机器学习的基本流程和主要分类。

◎ 理解监督学习、无监督学习中经典算法的核心思想及应用场景。

◎ 能够使用不同的机器学习算法解决实际问题。

本章任务

学习本章，读者需要完成以下任务。

任务4.1 认识机器学习。

了解机器学习的基本流程和主要分类。

任务4.2 监督学习编程。

掌握朴素贝叶斯、决策树、支持向量机、逻辑回归、线性回归、K近邻（KNN）等算法的核心思想；能够使用 sklearn 库编写相关程序，解决实际问题。

任务4.3 无监督学习编程。

掌握均值聚类（K-Means）、主成分分析（PCA）等无监督学习算法的核心思想；能够使用 sklearn 库编写相关程序，解决实际问题。

任务4.1　认识机器学习

任务描述

了解机器学习的基本流程和主要分类。

（1）理解机器学习的基本流程。

（2）理解机器学习的主要分类。

机器学习是人工智能领域的分支，它利用统计学、概率论和计算机科学等技术，通过对数据进行分析、学习和训练，来使机器能够自动提高性能。简而言之，机器学习是一种用于让机器自己学习如何做某些任务的技术。

在机器学习中，算法会根据输入的数据自动学习，并生成能够对未知数据进行预测或决策的模型。这些模型可以应用于各种领域，如自然语言处理、计算机视觉、医疗、金融等。机器学习的应用可以帮助人们更好地了解和处理数据，以提高生产效率、增强商业价值等。

机器学习的基本流程包括以下几个步骤。

收集数据：首先需要收集数据，这些数据可以来自各种来源，如传感器、数据库、网络等。

数据预处理：为了使数据被算法识别和处理，需要对数据进行预处理。预处理过程包括数据清洗、数据转换和数据归一化等。

特征提取：特征提取是指将数据转换成算法能够理解的形式，从中提取出有用的特征。这是机器学习的一个重要步骤。

模型选择和训练：在这一步骤中，需要选择一个适合数据集的机器学习算法，并使用数据集进行模型训练。训练过程可以使用监督学习、无监督学习、强化学习等不同的学习方式。

模型评估：在训练完模型后，需要评估模型的性能，以确定其在未知数据上的表现。通常使用交叉验证等技术来评估模型的性能。

模型优化：若模型性能不足，则需要进行模型优化，如调整算法的参数、增加数据量等。

模型部署和应用：完成模型训练和优化后，可以将模型部署到实际应用中，以解决实际问题。

总之，机器学习是一种强大的技术，它可以应用于各种领域，帮助人们更好地理解和处理数据，以提高生产效率、增加商业价值等。

机器学习可以根据不同的分类方法进行划分，以下是几种常见的分类方法。

监督学习：监督学习是机器学习中一种常见的学习方式。它通过已有的标注数据（带有标签的数据）来训练模型，并对未知数据进行预测和分类。监督学习的典型应用包括图像分类、文本分类、语音识别等。

无监督学习：无监督学习是一种没有标签的数据集的学习方式，主要用于发现数据中的模式和结构。无监督学习的应用包括聚类、降维、异常检测等。

半监督学习：半监督学习是介于监督学习和无监督学习之间的一种学习方式。它通过一小部分标注数据和大量未标注数据来训练模型，并用于对未知数据进行预测和分类。半监督学习的应用包括语音识别、文本分类等。

强化学习：强化学习是一种通过试错来学习如何做出最优决策的学习方式。在强化学习中，机器会执行某些操作，并根据执行结果获得奖励或惩罚，以调整其行为。强化学习的应用包括游戏 AI、自动驾驶等。

此外，还有一些其他分类方式，如基于模型的学习和基于实例的学习、线性学习和非线性学习、批量学习和在线学习等。这些不同的分类方式提供了不同的视角和方法，可以帮助人们更好地理解和应用机器学习。

任务 4.2 监督学习编程

任务描述

掌握朴素贝叶斯、决策树、支持向量机、逻辑回归、线性回归、KNN 等监督学习算法的核心思想；能够使用 sklearn 库编写相关程序，解决实际问题。

关键步骤

（1）掌握朴素贝叶斯、决策树、支持向量机、逻辑回归、线性回归、KNN 等监督学习算法的核心思想。

（2）使用 sklearn 库中的朴素贝叶斯、决策树、支持向量机、逻辑回归、线性回归、KNN 等监督学习算法编写相关程序，解决实际问题。

监督学习（Supervised Learning）是机器学习的一种方法，可以从训练数据中学到或创建一种模式，并依此模式推测新的实例。训练数据由输入对象（通常是向量）和预期输出组成。函数的输出可以是一个连续的值（称为回归分析），也可以是一个分类标签（称为分类）。

一个监督式学习的任务是在观察完一些事先标记过的训练示例（输入和预期输出）后，预测这个函数对任何可能出现的输入的输出。要达到此目的，学习者必须以"合理"（见归纳偏向）的方式从现有的资料中一般化到非观察到的情况。在人类和动物感知中，这通常称为概念学习（Concept Learning）。

监督学习有 2 个主要的任务，分别是回归和分类。回归：用来预测连续的、具体的数值，如支付宝里的芝麻信用分数。分类：用来对各种事物进行区分，用于离散型预测。

4.2.1 朴素贝叶斯算法

朴素贝叶斯算法是一种基于贝叶斯定理的分类算法，其基本原理是通过先验概率和条件概率来预测新样本的类别。它假设样本的特征之间是相互独立的，因此称为朴素贝叶斯。

贝叶斯定理如下。

在给定一个观测样本和先验概率的情况下，我们可以通过贝叶斯定理来计算该样本属于不同类别的后验概率：

$$P(y|x) = \frac{P(x|y)P(y)}{P(x)}$$

其中，$P(y|x)$ 是后验概率，表示在给定样本 x 的情况下，该样本属于类别 y 的概率；$P(x|y)$ 是条件概率，表示在给定类别 y 的情况下，样本 x 属于类别 y 的概率；$P(y)$ 是先验概率，表示在未知

样本 x 的情况下，样本 x 属于类别 y 的概率；$P(x)$ 是边缘概率，表示样本 x 出现的概率。

朴素贝叶斯算法包括两个步骤：训练和预测。在训练阶段，算法会从给定的训练集中学习先验概率和条件概率。其中，先验概率是指每个类别在样本中出现的概率，条件概率是指每个特征在给定类别下出现的概率。在预测阶段，算法会根据先验概率和条件概率计算新样本属于每个类别的概率，并选择概率最大的类别作为预测结果。

朴素贝叶斯算法假设特征之间是相互独立的，因此可以将条件概率拆分为多个特征的条件概率的乘积形式，即

$$P(x|y) = \prod_{i=1}^{d} P(x_i|y)$$

其中，d 表示特征数量，x_i 表示第 i 个特征的取值。

朴素贝叶斯算法的优化算法包括拉普拉斯平滑和特征选择。拉普拉斯平滑是一种常用的平滑技术，用于避免条件概率为零的情况。假设 N_i 表示在给定类别 y 的情况下，第 i 个特征的取值为 1 的样本数量，N 表示在给定类别 y 的情况下的样本数量，那么拉普拉斯平滑的条件概率为

$$P(x_i = 1|y) = \frac{N_i + 1}{N + 2}$$

其中，分子 $N_i + 1$ 是对每个特征出现次数加 1 的平滑处理，分母 $N + 2$ 是对每个特征取值总数加 2 的平滑处理。

特征选择是一种常用的优化算法，用于选择最重要的特征并对其进行分类。常用的特征选择方法包括卡方检验、信息增益和互信息等。

总之，朴素贝叶斯算法是一种简单而有效的分类算法，在处理大规模数据时具有较好的效果，并且易于实现和调整，朴素贝叶斯算法的基本流程如图 4-2-1 所示。

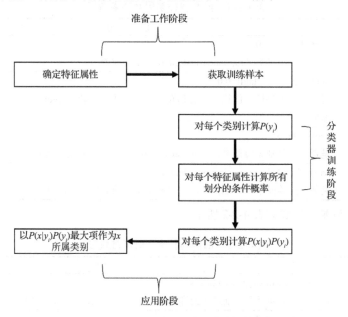

图 4-2-1 朴素贝叶斯算法的基本流程

在 sklearn 库中，根据特征数据的先验分布不同，提供了 5 种不同的朴素贝叶斯算法（sklearn.naive_bayes: Naive Bayes 模块），分别是伯努利朴素贝叶斯（BernoulliNB）、分类朴素贝叶斯（CategoricalNB）、高斯朴素贝叶斯（GaussianNB）、多项式朴素贝叶斯（MultinomialNB）、补码朴素贝叶斯（ComplementNB）。

下面分别对上述 5 种算法进行介绍。

1）伯努利朴素贝叶斯（BernoulliNB）

二项分布又叫作伯努利分布，它是一种现实中常见，并且拥有很多优越数学性质的分布方式。伯努利朴素贝叶斯专门用来处理二项分布问题。

伯努利朴素贝叶斯假设数据服从多元伯努利分布，并在此基础上应用朴素贝叶斯的训练和分类过程。简单来说，多元伯努利分布就是数据集中可以存在多个特征，但每个特征都是二分类的，可以用布尔变量表示，也可以表示为{0,1}或{-1,1}等任意二分类组合。因此，这个类要求将样本转换为二分类特征向量，如果数据本身不是二分类的，那么可以使用类中专门用来二值化的参数 binarize 来改变数据。

伯努利朴素贝叶斯常用于处理文本分类数据。但由于伯努利朴素贝叶斯是处理二项分布的，所以它更加在意的是"存在与否"，而不是"出现多少次"。在文本分类的情况下，伯努利朴素贝叶斯可以使用单词出现向量（而不是单词计数向量）来训练分类器。

算法原型：

```
class sklearn.naive_bayes.BernoulliNB(alpha=1.0, binarize=0.0, fit_prior=True,
class_prior=None)
```

伯努利朴素贝叶斯参数表如表 4-2-1 所示。

表 4-2-1   伯努利朴素贝叶斯参数表

参　　数	说　　明
alpha	float, default=1.0 附加的平滑参数（Laplace/Lidstone），0 是不平滑
binarize	float or None, default=0.0 用于将样本特征二值化（映射为布尔值）的阈值，若为 None，则假定输入由二分类向量组成
fit_prior	bool, default=True 是否学习类别先验概率，若为 False，则将使用统一的先验概率
class_prior	array-like of shape (n_classes,), default=None 类别的先验概率，一经指定，先验概率不能随着数据而调整

伯努利朴素贝叶斯属性表如表 4-2-2 所示。

表 4-2-2   伯努利朴素贝叶斯属性表

属　　性	说　　明
class_count_	ndarray of shape (n_classes) 拟合期间每个类别遇到的样本数，此值由提供的样本权重加权
class_log_prior_	ndarray of shape (n_classes) 每个类别的对数概率（平滑）

续表

属　　性	说　　明
classes_	ndarray of shape (n_classes,) 分类器已知的类别标签
feature_count_	ndarray of shape (n_classes, n_features) 拟合期间每个(类别,特征)遇到的样本数，此值由提供的样品权重加权
feature_log_prob_	ndarray of shape (n_classes, n_features) 给定一类 $P(x\_i\,/\,y)$ 的特征的经验对数概率
n_features_	Int 每个样本的特征数量

伯努利朴素贝叶斯方法表如表 4-2-3 所示。

表 4-2-3　伯努利朴素贝叶斯方法表

方　　法	说　　明
fit(X, y[, sample_weight])	根据 "X" 和 "y" 拟合分类器
get_params([deep])	获取这个估算器的参数
partial_fit(X, y[, classes, sample_weight])	对一批样本进行增量拟合
predict(X)	对测试向量 "X" 进行分类
predict_log_proba(X)	返回针对测试向量 "X" 的对数概率估计
predict_proba(X)	返回针对测试向量 "X" 的概率估计
score(X, y[, sample_weight])	返回给定测试数据和标签的平均准确率
set_params(**params)	为这个估算器设置参数

伯努利朴素贝叶斯代码示例：

```python
import random
import numpy as np
# 使用伯努利朴素贝叶斯算法
from sklearn.naive_bayes import BernoulliNB
from sklearn.model_selection import train_test_split
# 模拟数据
rng = np.random.RandomState(1)
# 随机生成1000个200维的数据，每一维的特征都是[0,9]之间的整数
X = rng.randint(10, size=(1000, 200))
y = np.array([1, 2, 3, 4, 5, 6, 7, 8, 9, 10] * 100)
data = np.c_[X, y]
# 对 X 和 y 进行整体打散
random.shuffle(data)
X = data[:, :-1]
y = data[:, -1]
X_train, X_test, y_train, y_test = train_test_split(X, y, test_size=0.2,
random_state=0)
bnb = BernoulliNB(alpha=1)
bnb.fit(X_train, y_train)
accuracy = bnb.score(X_test, y_test)
print("BernoulliNB 测试准确度 : %.3f" % accuracy)
# 使用随机数据进行测试，分析预测结果，贝叶斯会选择概率最大的预测结果
x = rng.randint(5, size=(1, 200))
```

```
print(bnb.predict_proba(x))
print("预测结果:",bnb.predict(x))
```

伯努利朴素贝叶斯测试程序运行结果如图 4-2-2 所示。

图 4-2-2　伯努利朴素贝叶斯测试程序运行结果

2）分类朴素贝叶斯（CategoricalNB）

对分类分布的数据实施分类朴素贝叶斯算法，该算法专用于离散数据集，它假定由索引描述的每个特征都有其自己的分类分布。

对于训练集中的每个特征 X，分类朴素贝叶斯估计以类 y 为条件的 X 的每个特征 i 的分类分布。样本的索引集定义为 $J = 1,\dots,m$，m 为样本数。

$$p\left(x_{i=t}|y=c;\alpha\right)=\frac{N_{\text{tic}}+\alpha}{N_c+\alpha n_i}$$

$N_{\text{tic}} = |\{j\in J\,|\,x_{ij}=t,y_j=c\}|$，是属性值 t 出现特征 x_i、样本属于 c 的次数。

$N_c = |\{j\in J\,|\,y_j=c\}|$，是属于类 c 的样本数。

n_i 是可用的特征数。

算法原型：

```
class sklearn.naive_bayes.CategoricalNB(*, alpha=1.0, fit_prior=True,
class_prior=None, min_categories=None)
```

分类朴素贝叶斯参数表如表 4-2-4 所示。

表 4-2-4 分类朴素贝叶斯参数表

参　数	说　明
alpha	float, default=1.0 附加的平滑参数（Laplace/Lidstone），0 是不平滑
fit_prior	bool, default=True 是否学习类别先验概率，若为 False，则将使用统一的先验概率
class_prior	array-like of shape (n_classes,), default=None 类别的先验概率。一经指定，先验概率不能随着数据而调整

分类朴素贝叶斯属性表如表 4-2-5 所示。

表 4-2-5 分类朴素贝叶斯属性表

属　性	说　明
category_count_	list of arrays of shape (n_features,) 为每个要素保存形状的数组（n_classes，各个要素的 n_categories）。每个数组为每个类别和分类的特定特征提供遇到的样本数量
class_count_	ndarray of shape (n_classes,) 拟合期间每个类别遇到的样本数，此值由提供的样本权重加权
class_log_prior_	ndarray of shape (n_classes,) 每个类别的对数概率（平滑）
classes_	ndarray of shape (n_classes,) 分类器已知的类别标签
feature_log_prob_	list of arrays of shape (n_features,) 为每个特征保存形状的数组（n_classes，各个要素的 n_categories）。每个数组提供了给定各自特征和类别的分类的经验对数概率，即 $P(x_i|y)$
n_features_	Int 每个样本的特征数量

分类朴素贝叶斯方法表如表 4-2-6 所示。

表 4-2-6 分类朴素贝叶斯方法表

方　法	说　明
fit(X, y[, sample_weight])	根据 "X" 和 "y" 拟合分类器
get_params([deep])	获取这个估算器的参数
partial_fit(X, y[, classes, sample_weight])	对一批样本进行增量拟合
predict(X)	对测试向量 "X" 进行分类
predict_log_proba(X)	返回针对测试向量 "X" 的对数概率估计
predict_proba(X)	返回针对测试向量 "X" 的概率估计
score(X, y[, sample_weight])	返回给定测试数据和标签的平均准确率
set_params(**params)	为这个估算器设置参数

代码示例：

```
import random
import numpy as np
# 使用分类朴素贝叶斯算法
from sklearn.naive_bayes import CategoricalNB
```

```
from sklearn.model_selection import train_test_split
# 模拟数据
rng = np.random.RandomState(1)
# 随机生成 1000 个 200 维的数据, 每一维的特征都是 [0,9] 之间的整数
X = rng.randint(10, size=(1000, 200))
y = np.array([1, 2, 3, 4, 5, 6, 7, 8, 9, 10] * 100)
data = np.c_[X, y]
# 对 X 和 y 进行整体打散
random.shuffle(data)
X = data[:,:-1]
y = data[:, -1]
X_train, X_test, y_train, y_test = train_test_split(X, y, test_size=0.2,
random_state=0)
cnb = CategoricalNB(alpha=1)
cnb.fit(X_train, y_train)
accuracy = cnb.score(X_test, y_test)
print("测试准确度 : %.3f" % accuracy)
# 使用随机数据进行测试, 分析预测结果, 贝叶斯会选择概率最大的预测结果
x = rng.randint(5, size=(1, 200))
print(cnb.predict_proba(x))
print("预测结果:",cnb.predict(x))
```

分类朴素贝叶斯程序运行结果如图 4-2-3 所示。

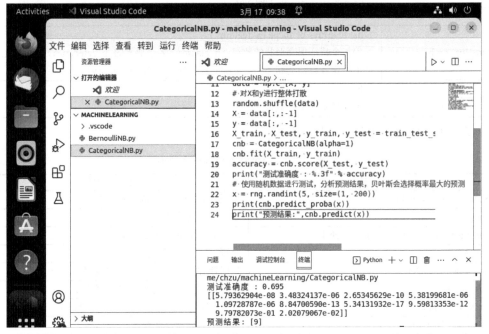

图 4-2-3　分类朴素贝叶斯程序运行结果

3) 高斯朴素贝叶斯 (GaussianNB)

假设连续变量服从正态分布, 用训练的样本估计分布的参数 (均值 μ 和方差 σ^2), 由于有 j 个类, 因此某特征有 j 个正态分布, 对于类 Y, 属性 $X_{(i)}$ 的条件概率可用高斯概率密度函数来表示:

$$P\left(X_{(i)} = x_{(i)} \mid Y = c_k\right) = \frac{1}{\sqrt{2\pi\sigma_{ij}^2}}\,e^{-\frac{\left(x_{(i)} - \mu_{ij}\right)^2}{2\sigma_{ij}^2}}$$

其中，$x_{(i)}$ 代表某特征，c_k 代表某类别，n 为特征数。

高斯朴素贝叶斯适用于"样本特征的分布大部分是连续值"的情况，捕捉少数类别的能力较差。

算法原型：

```
class sklearn.naive_bayes.GaussianNB(*, priors=None, var_smoothing=1e-09)
```

高斯朴素贝叶斯参数表如表 4-2-7 所示。

表 4-2-7　高斯朴素贝叶斯参数表

参　　数	说　　明
priors	array-like of shape (n_classes,) 类别的先验概率，一经指定，不会根据数据进行调整
var_smoothing	float, default=1e-9 所有特征的最大方差部分，可添加到方差中，用于提高计算的稳定性

高斯朴素贝叶斯属性表如表 4-2-8 所示。

表 4-2-8　高斯朴素贝叶斯属性表

属　　性	说　　明
class_count_	ndarray of shape (n_classes,) 每个类别中保留的训练样本数量
class_prior_	ndarray of shape (n_classes,) 每个类别的概率
classes_	ndarray of shape (n_classes,) 分类器已知的类别标签
epsilon_	float 方差的绝对相加值
sigma_	ndarray of shape (n_classes, n_features) 每个类中每个特征的方差
theta_	ndarray of shape (n_classes, n_features) 每个类中每个特征的均值

高斯朴素贝叶斯方法表如表 4-2-9 所示。

表 4-2-9　高斯朴素贝叶斯方法表

方　　法	说　　明
fit(X, y[, sample_weight])	根据"X"和"y"拟合分类器
get_params([deep])	获取这个估算器的参数
partial_fit(X, y[, classes, sample_weight])	对一批样本进行增量拟合
predict(X)	对测试向量"X"进行分类
predict_log_proba(X)	返回针对测试向量"X"的对数概率估计
predict_proba(X)	返回针对测试向量"X"的概率估计
score(X, y[, sample_weight])	返回给定测试数据和标签的平均准确率
set_params(**params)	为这个估算器设置参数

代码示例：

```python
import random
import numpy as np
# 使用高斯朴素贝叶斯算法
from sklearn.naive_bayes import GaussianNB
from sklearn.model_selection import train_test_split
# 模拟数据
rng = np.random.RandomState(1)
# 随机生成 1000 个 200 维的数据，每一维数据的特征都是[0,9]之间的整数
X = rng.randint(10, size=(1000, 200))
y = np.array([1, 2, 3, 4, 5, 6, 7, 8, 9, 10] * 100)
data = np.c_[X, y]
# 对 X 和 y 进行整体打散
random.shuffle(data)
X = data[:,:-1]

y = data[:, -1]
X_train, X_test, y_train, y_test = train_test_split(X, y, test_size=0.2,
random_state=0)
gnb = GaussianNB()
gnb.fit(X_train, y_train)
accuracy = gnb.score(X_test, y_test)
print("GaussianNB 测试准确度 : %.3f" % accuracy)
# 使用随机数据进行测试，分析预测结果，贝叶斯会选择概率最大的预测结果
x = rng.randint(5, size=(1, 200))
print(gnb.predict_proba(x))
print("预测结果:",gnb.predict(x))
```

高斯朴素贝叶斯程序运行结果如图 4-2-4 所示。

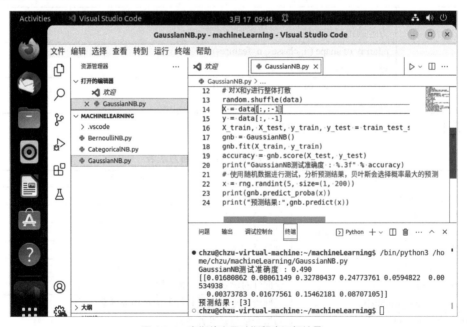

图 4-2-4　高斯朴素贝叶斯程序运行结果

4）多项式朴素贝叶斯（MultinomialNB）

特征变量是离散变量，符合多项分布，在文件分类中，特征变量体现在一个单词出现的次数或单词的 TF-IDF 值等上，不支持负数，因此输入变量特征的时候，不能用 StandardScaler 进行标准化，可以使用 MinMaxScaler 进行归一化。

$$P\left(x_{(i)}|Y\right) = \frac{N_{Y_i} + \alpha}{N_Y + \alpha n}$$

其中，N_{Y_i} 为第 i 个特征中类别 Y 对应的特征样本的个数；N_Y 为类别 Y 所有样本的个数；n 为特征数量。

算法原型：

```
class sklearn.naive_bayes.MultinomialNB(*, alpha=1.0, fit_prior=True,
class_prior=None)
```

多项式朴素贝叶斯参数表如表 4-2-10 所示。

表 4-2-10　多项式朴素贝叶斯参数表

参　　数	说　　明
alpha	float, default=1.0 附加的平滑参数（Laplace/Lidstone），0 表示不平滑
fit_prior	bool, default=True 是否学习类别先验概率，如果为 False，将使用统一的先验概率
class_prior	array-like of shape (n_classes,), default=None 类别的先验概率，一经指定，先验概率不能随着数据而调整

多项式朴素贝叶斯属性表如表 4-2-11 所示。

表 4-2-11　多项式朴素贝叶斯属性表

属　　性	说　　明
class_count_	ndarray of shape (n_classes,) 拟合期间每个类别遇到的样本数，此值由提供的样本权重加权
class_log_prior_	ndarray of shape (n_classes,) 每个类别的经验对数概率（平滑）
classes_	ndarray of shape (n_classes,) 分类器已知的类别标签
coef_	ndarray of shape (n_classes, n_features) 用于将多项式朴素贝叶斯解释为线性模型的镜像 feature_log_prob_
feature_count_	ndarray of shape (n_classes, n_features) 拟合期间每个(类别,特征)遇到的样本数，此值由提供的样本权重加权
feature_log_prob_	ndarray of shape (n_classes, n_features) 给定一类特征的经验对数概率 P(x_i|y)
intercept_	ndarray of shape (n_classes,) 用于将多项式朴素贝叶斯解释为线性模型的镜像 class_log_prior_
n_features_	Int 每个样本的特征数量

多项式朴素贝叶斯方法表如表 4-2-12 所示。

表 4-2-12　多项式朴素贝叶斯方法表

方　　　法	说　　　明
fit(X, y[, sample_weight])	根据 "X" 和 "y" 拟合分类器
get_params([deep])	获取这个估算器的参数
partial_fit(X, y[, classes, sample_weight])	对一批样本进行增量拟合
predict(X)	对测试向量 "X" 进行分类
predict_log_proba(X)	返回针对测试向量 "X" 的对数概率估计
predict_proba(X)	返回针对测试向量 "X" 的概率估计
score(X, y[, sample_weight])	返回给定测试数据和标签的平均准确率
set_params(**params)	为这个估算器设置参数

代码示例：

```
import random
import numpy as np
# 使用多项式朴素贝叶斯算法
from sklearn.naive_bayes import MultinomialNB
from sklearn.model_selection import train_test_split
# 模拟数据
rng = np.random.RandomState(1)
# 随机生成 1000 个 200 维的数据，每一维的特征都是 [0,9] 之间的整数
X = rng.randint(10, size=(1000, 200))
y = np.array([1, 2, 3, 4, 5, 6, 7, 8, 9, 10] * 100)
data = np.c_[X, y]
# 对 X 和 y 进行整体打散
random.shuffle(data)
X = data[:,:-1]
y = data[:, -1]
X_train, X_test, y_train, y_test = train_test_split(X, y, test_size=0.2,
random_state=0)
mnb = MultinomialNB(alpha=1)
mnb.fit(X_train, y_train)
accuracy = mnb.score(X_test, y_test)
print("MultinomialNB 测试准确度 : %.3f" % accuracy)
# 使用随机数据进行测试，分析预测结果，贝叶斯会选择概率最大的预测结果
x = rng.randint(5, size=(1, 200))
print(mnb.predict_proba(x))
print("预测结果:",mnb.predict(x))
```

多项式朴素贝叶斯程序运行结果如图 4-2-5 所示。

5）补码朴素贝叶斯（ComplementNB，CNB）

补码朴素贝叶斯是多项式朴素贝叶斯模型的一个变种。补码朴素贝叶斯是标准多项式朴素贝叶斯算法的一种改进，比较适用于不平衡的数据集，其在文本分类上的结果通常比多项式朴素贝叶斯模型好。具体来说，补码朴素贝叶斯使用来自每个类的补数的统计数据来计算模型的权重。补码朴素贝叶斯的发明者的研究表明，补码朴素贝叶斯的参数估计比多项式朴素贝叶斯的参数估计更稳定。

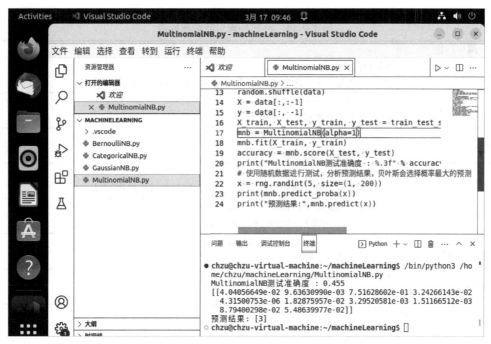

图 4-2-5　多项式朴素贝叶斯程序运行结果

$$\hat{\theta}_{i,y\neq c} = \frac{\alpha_i + \sum_{y_j \neq c} x_{ij}}{\alpha_i n + \sum_{i,y\neq c} \sum_{i=1}^{n} x_{ij}}\quad（本质为类别不为 c 的样本的特征取值之和）$$

$$\omega_{ci} = \log \hat{\theta}_{i,y\neq c}\ 或\ \omega_{ci} = \frac{\log \hat{\theta}_{i,y\neq c}}{\sum_j \left| \log \hat{\theta}_{i,y\neq c} \right|}$$

$$p(Y \neq c|X) = \mathrm{argmin}_c \sum_i x_i \omega_{ci}$$

算法原型：

```
class sklearn.naive_bayes.ComplementNB (*, alpha = 1.0, fit_prior = True,
class_prior = None, norm = False )
```

补码朴素贝叶斯参数表如表 4-2-13 所示。

表 4-2-13　补码朴素贝叶斯参数表

参　　数	说　　明
alpha	float, default=1.0 附加的平滑参数（Laplace/Lidstone），0 表示不平滑
fit_prior	bool, default=True 是否学习类别先验概率，若为 False，则将使用统一的先验概率
class_prior	array-like of shape (n_classes,), default=None 类别的先验概率，一经指定，先验概率不能随着数据而调整
norm	bool, default=False 是否对权重进行第二次标准化

补码朴素贝叶斯属性表如表 4-2-14 所示。

表 4-2-14 补码朴素贝叶斯属性表

属　　性	说　　明
class_count_	ndarray of shape (n_classes,) 拟合期间每个类别遇到的样本数，此值由提供的样本权重加权
class_log_prior_	ndarray of shape (n_classes,) 每个类别的对数概率（平滑）
classes_	ndarray of shape (n_classes,) 分类器已知的类别标签
feature_all_	ndarray of shape (n_features,) 拟合期间每个特征遇到的样本数，此值由提供的样本权重加权
feature_count_	ndarray of shape (n_classes, n_features) 拟合期间每个(类别,特征)遇到的样本数，此值由提供的样本权重加权
feature_log_prob_	ndarray of shape (n_classes, n_features) 类别补充的经验权重
n_features_	Int 每个样本的特征数量

补码朴素贝叶斯方法表如表 4-2-15 所示。

表 4-2-15 补码朴素贝叶斯方法表

方　　法	说　　明
fit(X, y[, sample_weight])	根据"X"和"y"拟合分类器
get_params([deep])	获取这个估算器的参数
partial_fit(X, y[, classes, sample_weight])	对一批样本进行增量拟合
predict(X)	对测试向量"X"进行分类
predict_log_proba(X)	返回针对测试向量"X"的对数概率估计
predict_proba(X)	返回针对测试向量"X"的概率估计
score(X, y[, sample_weight])	返回给定测试数据和标签的平均准确率
set_params(**params)	为这个估算器设置参数

代码示例：

```
import random
import numpy as np
# 使用补码朴素贝叶斯算法
from sklearn.naive_bayes import ComplementNB
from sklearn.model_selection import train_test_split
# 模拟数据
rng = np.random.RandomState(1)
# 随机生成 1000 个 200 维的数据，每一维的特征都是[0,9]之间的整数
X = rng.randint(10, size=(1000, 200))
y = np.array([1, 2, 3, 4, 5, 6, 7, 8, 9, 10] * 100)
data = np.c_[X, y]
# 对 X 和 y 进行整体打散
random.shuffle(data)
X = data[:, :-1]
y = data[:, -1]
X_train, X_test, y_train, y_test = train_test_split(X, y, test_size=0.2,
```

```
random_state=0)
    cnb = ComplementNB (alpha=1)
    cnb.fit(X_train, y_train)
    accuracy = cnb.score(X_test, y_test)
    print("ComplementNB 测试准确度 : %.3f" % accuracy)
    # 使用随机数据进行测试，分析预测结果，贝叶斯会选择概率最大的预测结果
    x = rng.randint(5, size=(1, 200))
    print(cnb.predict_proba(x))
    print("预测结果:",cnb.predict(x))
```

补码朴素贝叶斯程序运行结果如图 4-2-6 所示。

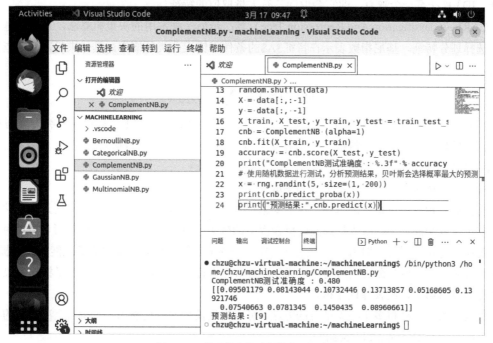

图 4-2-6　补码朴素贝叶斯程序运行结果

4.2.2　决策树

决策树（Decision Tree）是一种常用的机器学习算法，主要应用于分类和回归任务中。决策树的基本思想是将数据集分成许多小的子集，然后通过一系列的判断来对数据进行分类或预测。决策树的核心是选择合适的划分特征，使得每个子集的类别纯度最大化。

下面介绍决策树的基本原理、分类方法、优化算法和决策树原型。

1）基本原理

决策树的基本原理是通过不断对特征进行划分，将数据集划分为不同的子集，使得每个子集的类别纯度最大化。决策树通常从根节点开始，根据不同特征的取值进行划分，得到多个子节点，再对每个子节点执行相同的划分过程，直到满足一定的条件为止。

通常情况下，决策树采用信息增益、信息增益比、基尼指数等方法来选择划分特征。信息增益（Information Gain）表示在特征 A 的条件下，类别 Y 的不确定性减小的程度。具体来说，信息

增益可以表示为

$$\mathrm{IG}(Y,A) = H(Y) - H(Y|A)$$

其中，$H(Y)$ 表示类别 Y 的熵，$H(Y|A)$ 表示在特征 A 的条件下，类别 Y 的条件熵。信息增益越大，表示特征 A 将数据集划分成不同的类别的能力越强。

2）分类算法

决策树的分类算法有两种：ID3 和 CART。

ID3（Iterative Dichotomiser 3）算法是一种简单的决策树算法，它使用信息增益来选择划分特征。ID3 算法有一个缺点，即它会偏向具有大量取值的特征。

CART（Classification And Regression Tree）算法是另一种常用的决策树算法，它使用基尼指数来选择划分特征。基尼指数表示在特征 A 的条件下错误分类的概率。具体来说，基尼指数可以表示为

$$\mathrm{Gini}(A) = \sum_{k=1}^{|Y|} \sum_{k' \neq k} p_k p_{k'|k}$$

其中，p_k 表示类别 k 在数据集中的概率，$p_{k'|k}$ 表示在类别 k 的条件下，被错误分类为类别 k' 的概率。基尼指数越小，表示特征 A 将数据集划分成不同的类别的能力越强。

3）优化算法

决策树的优化算法主要包括剪枝和集成学习。

剪枝是一种避免过拟合的方法，其主要思想是在决策树构建完成后，对决策树进行简化，去掉一些过于复杂的分支，以达到降低过拟合程度的效果。剪枝可以分为预剪枝和后剪枝两种。预剪枝是在构建决策树时，对每个节点进行判断，若该节点的划分对决策树的泛化能力没有提升，则停止分裂。后剪枝是在决策树构建完成后，对节点进行判断，若去掉该节点的子树对决策树的泛化能力没有影响，则去掉该子树。

集成学习是一种将多个模型结合的方法，可以提高模型的泛化能力和准确性。决策树的集成学习方法主要有 Bagging 和 Boosting。

Bagging（Bootstrap Aggregating）是一种自助采样的方法，其主要思想是从原始数据集中有放回地抽取多个子集，并利用每个子集构建一个决策树，然后将这些决策树结合，以取平均或投票的方式得到最终结果。

Boosting 是一种迭代的方法，其主要思想是在每一次迭代中，对训练集进行加权，利用加权的训练集构建一个决策树，在每一次迭代中，根据前一次迭代的误差调整样本的权重，使得前一次分类错误的样本得到更多的关注，然后将多个决策树结合，根据其权重进行加权，得到最终结果。

总之，决策树是一种简单而有效的机器学习算法，它不仅能够用于分类任务和回归任务，而且易于理解和解释。但是，决策树容易过拟合和欠拟合，因此需要使用合适的优化算法来解决这些问题。

4）决策树原型

```
class sklearn.tree.DecisionTreeClassifier(*, criterion='gini', splitter='best',
max_depth=None, min_samples_split=2, min_samples_leaf=1, min_weight_fraction_leaf=0.0,
max_features=None, random_state=None, max_leaf_nodes=None, min_impurity_decrease=0.0,
min_impurity_split=None, class_weight=None, presort='deprecated', ccp_alpha=0.0)
```

决策树分类器参数表如表 4-2-16 所示。

表 4-2-16 决策树分类器参数表

参　数	说　明
criterion	{"gini", "entropy"}, default="gini" 这个参数是用来选择使用何种方法度量决策树的切分质量的。当 criterion 取值为"gini"时，采用基尼不纯度（Gini Impurity）算法构造决策树；当 criterion 取值为 "entropy" 时，采用信息增益（Information Gain）算法构造决策树
splitter	{"best", "random"}, default="best" 此参数决定了在每个节点上对拆分策略的选择。若支持的策略是"best"，则选择最佳拆分策略，若支持的策略是"random"，则选择最佳随机拆分策略
max_depth	int, default=None 树的最大深度。若取值为 None，则将所有节点展开，直到所有的叶节点都是纯净的，或者直到所有叶节点都包含少于 min_samples_split 个样本为止
min_samples_split	int or float, default=2 拆分内部节点所需的最少样本数
min_samples_leaf	int or float, default=1 在叶节点处所需的最少样本数
min_weight_ fraction_leaf	float, default=0.0 在所有叶节点处（所有输入样本）的权重总和中的最小加权分数。若未提供 sample_weight，则样本的权重相等
max_features	int, float or {"auto", "sqrt", "log2"}, default=None 寻找最佳分割时要考虑的特征数量
random_state	int, RandomState instance, default=None 此参数用来控制估算器的随机性。即使将分割器设置为 "最佳"，这些特征也总是在每个分割中随机排列
max_leaf_nodes	int, default=None 优先以最佳方式生成带有 max_leaf_nodes 的决策树。最佳节点定义为不纯度的相对减少，若为 None，则叶节点数不受限制
min_impurity_ decrease	float, default=0.0 若节点分裂会导致不纯度的减少值大于或等于该值，则该节点将被分裂
class_weight	dict, list of dict or "balanced", default=None 以{class_label: weight}的形式表示与类别关联的权重。如果取值为 None，那么所有分类的权重为 1。对于多输出问题，可以按照 "y" 的列的顺序提供一个字典列表
ccp_alpha	non-negative float, default=0.0 复杂度参数，用于最小代价复杂度剪枝。将选择成本复杂度最大且小于 ccp_alpha 的子树，在默认情况下，不执行修剪

决策树分类器属性表如表 4-2-17 所示。

表 4-2-17 决策树分类器属性表

属　性	说　明
classes_	ndarray of shape (n_classes,) or list of ndarray 类标签（单输出问题）或类标签数组的列表（多输出问题）
feature_importances_	ndarray of shape (n_features,) 返回特征重要程度数据

续表

属 性	说 明
max_features_	int max_features 的推断值
n_classes_	int or list of int 整数的类别数（单输出问题），或者一个包含所有类别数量的列表（多输出问题）
n_features_	int 执行模型拟合训练时的特征数量
n_outputs_	int 执行模型拟合训练时的输出数量
tree_	Tree 基础的 Tree 对象

决策树分类器方法表如表 4-2-18 所示。

表 4-2-18 决策树分类器方法表

方 法	说 明
apply(X[, check_input])	返回每个叶节点上被预测样本的索引
cost_complexity_pruning_path(X, y[, ...])	在最小化成本复杂度修剪期间计算修剪路径
decision_path(X[, check_input])	返回决策树的决策路径
fit(X, y[, sample_weight, check_input, ...])	根据训练集(X,y)建立决策树分类器
get_depth()	返回决策树的深度
get_n_leaves()	返回决策树的叶节点数
get_params([deep])	获取此估算器的参数
predict(X[, check_input])	预测"X"的类别或回归值
predict_log_proba(X)	预测输入样本"X"的类对数概率
predict_proba(X[, check_input])	预测输入样本"X"的类别概率
score(X, y[, sample_weight])	返回给定测试数据和标签的平均准确率
set_params(**params)	设置此估算器的参数

代码示例：

```python
from sklearn.datasets import load_iris
import pandas as pd
import seaborn as sb
import matplotlib.pyplot as plt
from sklearn.model_selection import train_test_split
from sklearn.tree import DecisionTreeClassifier, plot_tree
from sklearn import metrics

# 加载数据
iris = load_iris()
# 将数据集转换为 DataFrame 格式
df1 = pd.DataFrame(iris['data'], columns=['SepalLengthCm', 'SepalWidthCm',
'PetalLengthCm', 'PetalWidthCm'])
df2 = pd.DataFrame(iris['target'], columns=['class'])
# 用 concat 合并两个 DataFrame，得到目标结果
iris_df = pd.concat([df1, df2], axis=1)
# 可视化分析
```

```
# sb.pairplot(iris_df, hue='class')
# plt.show()
# 图片展示
# 划分训练集和测试集
x_train, x_test, y_train, y_test = train_test_split(iris.data, iris.target,
train_size=0.7)
# 训练
dtc = DecisionTreeClassifier(criterion='entropy')
dtc.fit(x_train, y_train)
# 测试
predict_target = dtc.predict(x_test)
# 预测结果与真实结果的对比
accuracy = sum(predict_target == y_test)
print('准确率 -> {:.2f}%'.format(accuracy /len(y_test)*100))
# 输出准确率、召回率、F 值
print(metrics.classification_report(y_test, predict_target))
# plt.figure(figsize=(18, 12))
# plot_tree(dtc, filled=True, class_names=iris.target_names,
feature_names=iris.feature_names)
# plt.show()
```

决策树分类器程序运行结果如图 4-2-7 所示。

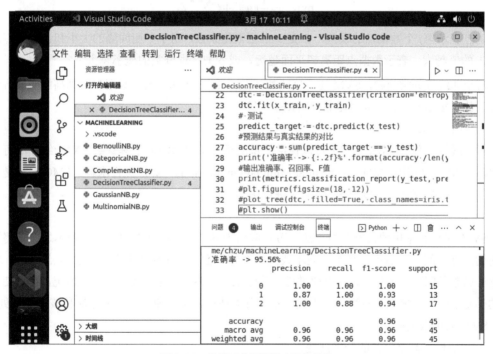

图 4-2-7　决策树分类器程序运行结果

4.2.3　支持向量机

支持向量机（Support Vector Machines，SVM）是一种常用的机器学习算法，主要应用于分类任务和回归任务中。SVM 的基本思想是将数据映射到高维空间中，然后在高维空间中找到一个超平面，用于将不同类别的数据点分开。

1）基本原理

对于二分类问题，SVM 的目标是寻找一个超平面，使得两个类别的样本点距离超平面最近的距离最大，这个距离称为"间隔"。具体来说，SVM 要找到一个超平面 $w^\mathrm{T}x + b = 0$，使得对于任意一个数据点 x_i，都满足以下约束条件：

$$y_i\left(w^\mathrm{T}x_i + b\right) \geq 1$$

其中，y_i 为 x_i 的类别标签，取值为+1 或-1。

目标函数可以表示为

$$\min_{\{w,b\}}\frac{1}{2}\|w\|^2$$

这是一个凸二次规划问题，可以使用优化算法进行求解。

2）分类方法

对于线性不可分的情况，SVM 使用软间隔（Soft Margin）方法来处理。在软间隔方法中，SVM 允许一些数据点被错误分类，但是会给错误分类的数据点添加一个惩罚项。目标函数变为

$$\min_{w,b,\xi}\frac{1}{2}\|w\|^2 + C\sum_{i=1}^{m}\xi_i$$

其中，ξ_i 表示第 i 个数据点的误差，C 是一个正则化系数，用于平衡间隔的大小和误分类点的数量。ξ_i 的值越大，表示数据点距离超平面越远，或者被错误分类的概率越大。

对于非线性分类问题，SVM 使用核函数（Kernel Function）来将数据映射到高维空间。常见的核函数有多项式核、径向基函数核（RBF）等。

3）优化算法

对于线性可分的情况，SVM 可以使用简单的梯度下降算法来求解参数。对于线性不可分的情况，SVM 可以使用 SMO（Sequential Minimal Optimization）算法进行求解。SMO 算法是一种高效的二次规划算法，可以对 SVM 问题进行快速求解。

4）总结

SVM 是一种常用的机器学习算法，可以应用于分类和回归问题中。它的基本思想是将数据映射到高维空间中，然后在高维空间中找到一个超平面，用于将不同类别的数据点分开。SVM 的核心思想是间隔最大化，它可以通过优化算法来求解参数。对于线性可分的情况，可以使用简单的梯度下降算法来求解参数。对于线性不可分的情况，可以使用软间隔方法和核函数来处理。

SVM 的优点包括：

① 可以解决高维空间的分类问题；

② 可以处理非线性分类问题；

③ 可以解决小样本问题；

④ 对于一些数据点的影响不敏感，具有鲁棒性。

SVM 的缺点包括：

① 对于大规模数据集，训练时间较长；

② 对于非线性问题，选择合适的核函数较为困难；

③ 对于多分类问题，需要使用其他算法进行处理。

总之，SVM 是一种强大的机器学习算法，可以应用于许多领域，包括图像识别、语音识别、文本分类等。

5）算法原型

```
class sklearn.svm.SVC(*, C=1.0, kernel='rbf', degree=3, gamma='scale', coef0=0.0,
shrinking=True, probability=False, tol=0.001, cache_size=200, class_weight=None, verbose
=False, max_iter=-1, decision_function_shape='ovr', break_ties=False, random_state=None)
```

支持向量机参数表如表 4-2-19 所示。

表 4-2-19　支持向量机参数表

参　　数	说　　明
C	浮点数，默认= 1.0 正则化参数。正则化的强度与 C 成反比。必须严格为正。此惩罚系数是 L2 惩罚系数的平方
kernel	{'linear', 'poly', 'rbf', 'sigmoid', 'precomputed'}，默认='rbf' 指定算法中使用的内核类型
degree	整数型，默认=3 多项式核函数的次数（'poly'），将被其他内核忽略
gamma	浮点数或{'scale', 'auto'}，默认='scale' 核系数包含'rbf''poly''sigmoid'
coef0	浮点数，默认=0.0 核函数中的独立项。它只在'poly'和'sigmoid'中有意义
shrinking	布尔值，默认=True 是否使用缩小启发式，可参见使用指南
probability	布尔值，默认=False 是否启用概率估计
tol	浮点数，默认=1e-3 残差收敛条件
cache_size	浮点数，默认=200 指定内核缓存的大小（以 MB 为单位）
class_weight	{dict, 'balanced'}，默认=None 将类 i 的参数 C 设置为 class_weight [i] * C
verbose	布尔值，默认=False 是否启用详细输出
max_iter	整数型，默认=-1 对求解器内的迭代进行硬性限制，或者为-1（无限制时）
decision_function_shape	{'ovo', 'ovr'}，默认='ovr' 是否要将返回形状为(n_samples, n_classes)的 one-vs-rest ('ovr')决策函数应用于其他分类器，而在多类别划分中始终使用 one-vs-one ('ovo')？对于二进制分类，将忽略该参数

续表

参 数	说 明
break_ties	bool, default=False 若为 True, decision_function_shape ='ovr', 并且类数>2, 则预测将根据 decision_function 的置信度值打破平局; 否则, 返回绑定类中的第一类
random_state	整数型或 RandomState 的实例, 默认=None 控制用于数据抽取时的伪随机数生成

支持向量机属性表如表 4-2-20 所示。

表 4-2-20 支持向量机属性表

属 性	说 明
support_	形如(n_SV,)的数组 支持向量的指标
support_vectors_	形如(n_SV, n_features)的数组 支持向量
n_support_	形如(n_class)的数组, dtype=int32 每个类别的支持向量数量
dual_coef_	形如(n_class-1, n_SV)的数组 决策函数中支持向量的对偶系数
coef_	形如(n_class * (n_class-1) / 2, n_features)的数组 分配给特征的权重 (原始问题的系数), 仅在线性内核的情况下可用
intercept_	形如(n_class * (n_class-1) / 2,)的数组 决策函数中的常量
fit_status_	整数型 若拟合无误, 则为 0; 若算法未收敛, 则为 1
classes_	形如(n_classes,)的数组 不重复类别标签
probA_	形如(n_class * (n_class-1) / 2,)的数组 若 probability=True, 则它对应于在普拉特缩放中学习的参数; 若 probability=False, 则为空数组
probB_	形如(n_class * (n_class-1) / 2,)的数组 若 probability=True, 则它对应于在普拉特缩放中学习的参数, 根据决策值产生概率估计。若 probability=False, 则为空数组
class_weight_	形如(n_class,)的数组 每个类的参数 "C" 的乘数。根据 class_weight 参数进行计算
shape_fit_	形如(n_dimensions_of_X,)的整数型元组 训练向量 "X" 的数组维度

支持向量机方法表如表 4-2-21 所示。

表 4-2-21 支持向量机方法表

方 法	说 明
decision_function(X)	计算 "X" 中样本的决策函数
fit(X, y[, sample_weight])	根据给定的训练数据拟合支持向量机模型
get_params([deep])	获取这个估算器的参数
predict(X)	在 "X" 中对样本进行分类
score(X, y[, sample_weight])	返回给定测试数据和标签的平均准确率
set_params(**params)	设置这个估算器的参数

代码示例：

```
import sklearn
from sklearn import datasets
from sklearn import svm
import numpy as np

if __name__ == '__main__':
  iris = sklearn.datasets.load_iris()
  # data 对应样本的 4 个特征，150 行，4 列
print('>> shape of data:')
  print(iris.data.shape)
  # 显示样本特征的前 5 行
print('>> line top 5:')
  print(iris.data[:5])
  # target 对应样本的类别（目标属性），150 行，1 列
print('>> shape of target:')
  print(iris.target.shape)
  # 显示所有样本的目标属性
print('>> show target of data:')
  print(iris.target)
  # 数据加载
  x = iris.get('data')
  y = iris.get('target')
  iris = datasets.load_iris()
  print(type(iris), dir(iris))
  # 数据分割
  num = x.shape[0]
  ratio = 7 / 3
num_test = int(num / (1 + ratio))          # 测试集样本数目
num_train = num - num_test                  # 训练集样本数目
  index = np.arange(num)                     # 产生样本标号
np.random.shuffle(index)                     # 洗牌
x_test = x[index[:num_test], :]             # 取出洗牌后的前 num_test 个样本作为测试集
y_test = y[index[:num_test]]
x_train = x[index[num_test:], :]            # 将剩余样本作为训练集
y_train = y[index[num_test:]]
# 数据集训练
clf_linear = svm.SVC(decision_function_shape="ovo", kernel="linear")
clf_rbf = svm.SVC(decision_function_shape="ovo", kernel="rbf")
clf_linear.fit(x_train, y_train)
clf_rbf.fit(x_train, y_train)
y_test_pre_linear = clf_linear.predict(x_test)
y_test_pre_rbf = clf_rbf.predict(x_test)
# 判断训练效果
acc_linear = sum(y_test_pre_linear == y_test) / num_test
print('linear kernel: The accuracy is', acc_linear)
acc_rbf = sum(y_test_pre_rbf == y_test) / num_test
print('rbf kernel: The accuracy is', acc_rbf)
```

支持向量机程序运行结果如图 4-2-8 所示。

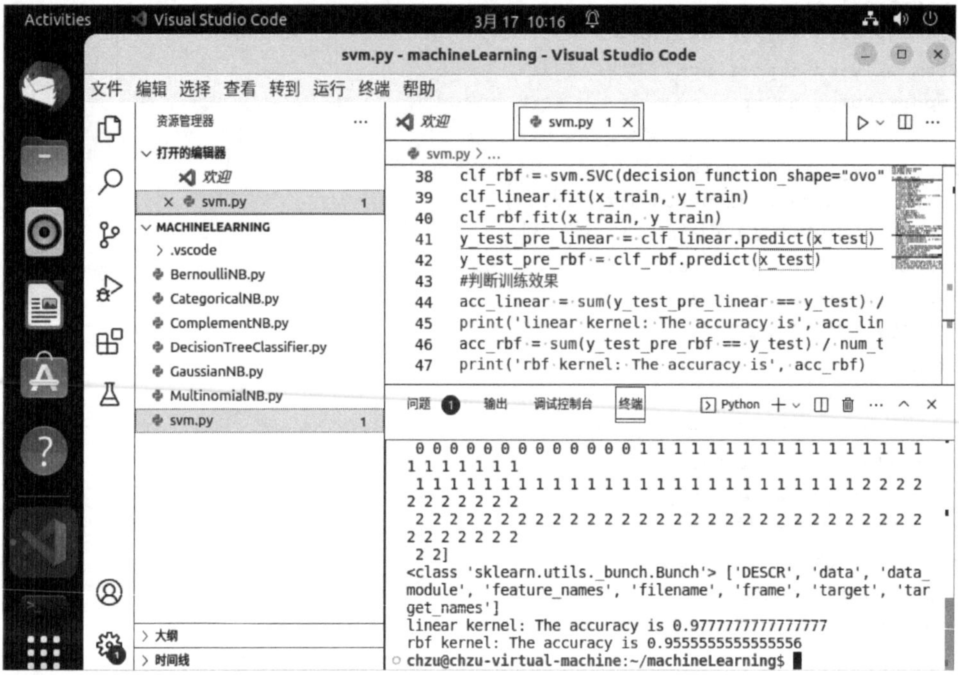

图 4-2-8　支持向量机程序运行结果

4.2.4　逻辑回归

逻辑回归是一种常用的分类算法，其基本原理是利用线性回归模型预测一个样本属于某个类别的概率，然后将概率值映射到 0~1，最终将概率值大于 0.5 的样本分类为正类，将概率值小于 0.5 的样本分类为负类。

逻辑回归模型的数学表达式为

$$h_{\theta}(x) = g(\theta^{\mathrm{T}} x) = \frac{1}{1 + e^{-\theta^{\mathrm{T}} x}}$$

其中，x 为特征向量，θ 为模型参数，g 为逻辑函数（也称为 sigmoid 函数），其数学表达式为

$$g(z) = \frac{1}{1 + e^{-z}}$$

逻辑回归的分类方法主要有二元分类和多元分类。二元分类是指将样本分为两个类别，如二分类问题（正负类别），多元分类是指将样本分为多个类别，如手写数字识别问题。

逻辑回归的优化算法主要有梯度下降法、牛顿法和拟牛顿法。其中，梯度下降法是一种基于负梯度方向更新模型参数的优化算法，其数学表达式为

$$\theta_j = \theta_j - \alpha \frac{\partial J(\theta)}{\partial \theta_j}$$

其中，α 为学习率，$J(\theta)$ 为损失函数，损失函数通常选择对数损失函数（Logistic Loss），其数

学表达式为

$$J(\boldsymbol{\theta}) = -\frac{1}{m}\sum_{i=1}^{m}\left[y^{(i)}\log\left(h_{\boldsymbol{\theta}}\left(\boldsymbol{x}^{(i)}\right)\right) + \left(1-y^{(i)}\right)\log\left(1-h_{\boldsymbol{\theta}}\left(\boldsymbol{x}^{(i)}\right)\right)\right]$$

牛顿法是一种利用二阶导数信息更新模型参数的优化算法，其数学表达式为

$$\boldsymbol{\theta} = \boldsymbol{\theta} - \boldsymbol{H}^{-1}\nabla_{\boldsymbol{\theta}}J(\boldsymbol{\theta})$$

其中，$\boldsymbol{H}$ 为损失函数的海森矩阵，$\nabla_{\boldsymbol{\theta}}J(\boldsymbol{\theta})$ 为损失函数的梯度。

拟牛顿法是一种利用梯度信息来近似海森矩阵的优化算法，其数学表达式为

$$\boldsymbol{\theta} = \boldsymbol{\theta} - \boldsymbol{H}_k^{-1}\nabla_{\boldsymbol{\theta}}J(\boldsymbol{\theta})$$

其中，$\boldsymbol{H}_k$ 为第 k 次迭代时的近似海森矩阵。

总之，逻辑回归是一种简单而有效的分类算法，其优点包括模型简单、易于实现和解释等。但是，逻辑回归容易受到噪声和异常值的干扰，因此在实际应用中需要对数据进行预处理和特征工程，同时需要注意解决过拟合问题。此外，采用逻辑回归在处理非线性分类问题时需要进行特征转换或使用其他非线性分类算法。

逻辑回归原型：

```
class sklearn.linear_model.LinearRegression(*, fit_intercept=True, copy_X=True,
n_jobs=None, positive=False)
```

逻辑回归参数表如表表 4-2-22 所示。

表 4-2-22　逻辑回归参数表

参　　数	说　　明
penalty	{'L1', 'L2', 'elasticnet', 'none'}, default='L2' 用于指定处罚中使用的规范。'newton-cg''sag''lbfgs'求解器仅支持 L2 惩罚。仅'saga'求解器支持'elasticnet'。若为'none'（liblinear 求解器不支持），则不应用任何正则化
dual	bool, default=False 是否对偶化。仅对 liblinear 求解器使用 L2 惩罚时进行对偶化
tol	float, default=1e-4 停止的容差标准
C	float, default=1.0 正则强度的倒数，必须为正浮点数
fit_intercept	bool, default=True 是否将常量（aka 偏置或截距）添加到决策函数中
intercept_scaling	float, default=1 仅在使用求解器 liblinear 并将 self.fit_intercept 设置为 True 时有用
class_weight	dict or 'balanced', default=None 以 {class_label: weight} 的形式与类别关联的权重。如果没有给出，那么所有类别的权重都应该是 1
random_state	int, RandomState instance, default=None 当 solver=='sag','saga','liblinear'时，用于随机整理数据
solver	{'newton-cg', 'lbfgs', 'liblinear', 'sag', 'saga'}, default='lbfgs' 用于优化问题的算法
max_iter	int, default=100 求解程序收敛的最大迭代次数

参　数	说　明
multi_class	{'auto', 'ovr', 'multinomial'}, default='auto' 若选择的选项是'ovr'，则将每个标签都看作二分类问题。对于'multinomial'，即使数据是二分类的，损失最小值是多项式损失拟合整个概率分布。当solver='liblinear'时，'multinomial'不可用。若数据是二分类的，或者Solver='liblinear'，则'auto'选择'ovr'；否则选择'multinomial'
verbose	int, default=0 对于 liblinear 和 lbfgs 求解器，可将 verbose 设置为任何正数，以表示输出日志的详细程度
warm_start	bool, default=False 当将其设置为 True 时，重用前面调用的解决方案来进行初始化；否则，只清除前面的解决方案
n_jobs	int, default=None 当 multi_class='ovr'时，在对类进行并行化时使用的 CPU 内核数。当将 solver 设置为'liblinear'时，无论是否指定'multi_class'，都将忽略此参数
l1_ratio	float, default=None Elastic-Net 混合参数，取值范围为 $0 \leq l1\_ratio \leq 1$。仅在 penalty='elasticnet'时使用

逻辑回归属性表如表 4-2-23 所示。

表 4-2-23　逻辑回归属性表

属　性	说　明
classes_	ndarray of shape (n_classes,) 分类器已知的类别标签列表
coef_	ndarray of shape (1, n_features) or (n_classes, n_features) 决策函数中特征的系数
intercept_	ndarray of shape (1,) or (n_classes,) 添加到决策函数的截距（也称为偏差）
n_iter_	ndarray of shape (n_classes,) or (1,) 所有类的实际迭代数。若是二分类或多项式，则仅返回 1 个元素。对于 liblinear 求解器，仅给出所有类的最大迭代次数

逻辑回归方法表如表 4-2-24 所示。

表 4-2-24　逻辑回归方法表

方　法	说　明
decision_function(self, X)	预测样本的置信度得分
densify(self)	将系数矩阵转换为密集数组格式
fit(self, X, y[, sample_weight])	根据给定的训练数据拟合模型
get_params(self[, deep])	获取此估算器的参数
predict(self, X)	预测"X"中样本的类别标签
predict_log_proba(self, X)	预测概率估计的对数
predict_proba(self, X)	概率估计
score(self, X, y[, sample_weight])	返回给定测试数据和标签的平均准确率
set_params(self, **params)	设置此估算器的参数
sparsify(self)	将系数矩阵转换为稀疏格式

实训要求：使用逻辑回归算法对鸢尾花数据集进行分类。

代码示例：

```python
import numpy as np
from sklearn.linear_model import LogisticRegression
import matplotlib.pyplot as plt
import matplotlib as mpl
from sklearn import datasets
from sklearn import preprocessing
import pandas as pd
from sklearn.preprocessing import StandardScaler
from sklearn.pipeline import Pipeline
iris=datasets.load_iris()
# 每行数据，共四列，将每一列映射为 feature_names 中对应的值
X=iris.data
# 每行数据对应的分类结果值（也就是每行数据的 label 值），取值为[0,1,2]
Y=iris.target
# 归一化处理
X = X[:, -2:]
X = StandardScaler().fit_transform(X)
lr = LogisticRegression()                            # 逻辑回归模型
lr.fit(X, Y)                                         # 根据数据[x,y]计算回归参数
N, M = 500, 500                                      # 在横坐标和纵坐标方向各采样多少个值
x1_min, x1_max = X[:, 0].min(), X[:, 0].max()        # 第 0 列的范围
x2_min, x2_max = X[:, 1].min(), X[:, 1].max()        # 第 1 列的范围
t1 = np.linspace(x1_min, x1_max, N)
t2 = np.linspace(x2_min, x2_max, M)
x1, x2 = np.meshgrid(t1, t2)                         # 生成网格采样点
x_test = np.stack((x1.flat, x2.flat), axis=1)        # 测试点


cm_light = mpl.colors.ListedColormap(['#009933', '#ff6666', '#33ccff'])
cm_dark = mpl.colors.ListedColormap(['g', 'r', 'b'])
y_hat = lr.predict(x_test)                           # 预测值
y_hat = y_hat.reshape(x1.shape)                      # 使之与输入的形状相同
plt.pcolormesh(x1, x2, y_hat, cmap=cm_light)         # 预测值的显示
plt.scatter(X[:, 0], X[:, 1], c=Y.ravel(), edgecolors='k', s=50, cmap=cm_dark)
plt.xlabel('petal length')
plt.ylabel('petal width')
plt.xlim(x1_min, x1_max)
plt.ylim(x2_min, x2_max)
plt.grid()
#plt.show()
y_hat = lr.predict(X)
Y = Y.reshape(-1)
result = y_hat == Y
print(y_hat)
print(result)
accuracy = np.mean(result)
print('准确度: %.2f%%' % (100 * accuracy))
```

逻辑回归程序运行结果如图 4-2-9 所示。

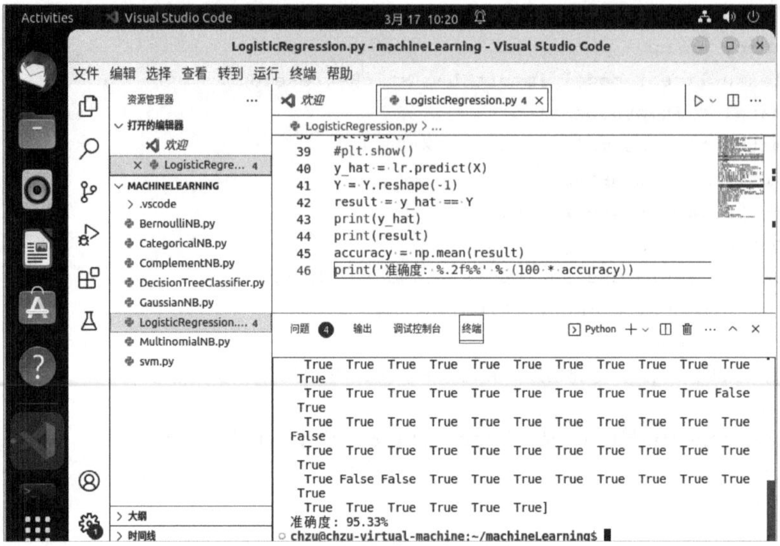

图 4-2-9 逻辑回归程序运行结果

4.2.5 线性回归

线性回归是一种经典的回归算法，其基本原理是建立一个线性回归模型，使用最小二乘法来拟合训练数据，并用该模型对新数据进行预测。线性回归模型的形式为

$$h_{\theta}(x) = \theta^{\mathrm{T}} x = \theta_0 + \theta_1 x_1 + \cdots + \theta_n x_n$$

其中，x 为特征向量，θ 为模型参数，$h_{\theta}(x)$ 为模型的预测值。

线性回归的分类方法主要有一元线性回归和多元线性回归。一元线性回归是指只有一个特征的回归问题，多元线性回归是指包含多个特征的回归问题。例如，在预测房价的线性回归问题中，房屋面积、房间数、所在位置等都是可能的特征。

线性回归的优化算法主要有普通最小二乘法（OLS）、梯度下降法和正规方程法。其中，OLS是基于矩阵求导而推导出最小二乘解的，其数学表达式为

$$\theta = \left(X^{\mathrm{T}} X\right)^{-1} X^{\mathrm{T}} y$$

其中，X 为样本特征矩阵，y 为样本标签向量，θ 为模型参数向量。

梯度下降法是一种基于负梯度方向更新模型参数的优化方法，其数学表达式为

$$\theta_j = \theta_j - \alpha \frac{1}{m} \sum_{i=1}^{m} \left(h_{\theta}\left(x^{(i)}\right) - y^{(i)}\right) x_j^{(i)}$$

其中，α 为学习率，m 为训练样本数，$x^{(i)}$ 和 $y^{(i)}$ 分别为第 i 个样本的特征向量和标签向量。

正规方程法是一种利用矩阵求导的方法求解最小二乘解的优化算法，其数学表达式为

$$\theta = \left(X^{\mathrm{T}} X\right)^{-1} X^{\mathrm{T}} y$$

其中，X 为样本特征矩阵，y 为样本标签向量，θ 为模型参数向量。

线性回归是一种简单而常用的回归算法，其优点包括模型简单、易于解释和可解决高维数据问题等。但是，线性回归也存在一些问题，如易受到噪声和异常值的干扰，不适用于非线性数据建模等。在实际应用中，需要对数据进行预处理和特征工程，同时需要注意解决过拟合问题。

线性回归原型：

```
class sklearn.linear_model.LinearRegression(*, fit_intercept=True, normalize=False,
copy_X=True, n_jobs=None)
```

线性回归参数表如表 4-2-25 所示。

表 4-2-25　线性回归参数表

参　　数	说　　明
fit_intercept	bool, default=True 是否计算此模型的截距，若设置为 False，则在计算中不使用截距
normalize	bool, default=False 当将 fit_intercept 设置为 False 时，将忽略此参数。若将 fit_intercept 设置为 True，则在回归之前通过减去均值并除以 L2 范数来对回归变量"X"进行归一化
copy_X	bool, default=True 若为 True，则复制"X"；否则"X"可能会被覆盖
n_jobs	int, default=None 用于计算的核心数。这只会为 n_targets> 1 和足够大的问题求解

线性回归属性表如表 4-2-26 所示。

表 4-2-26　线性回归属性表

属　　性	说　　明
coef_	array of shape (n_features,) or (n_targets, n_features) 线性回归问题的估计系数。若在拟合过程中传递多个标签（当 y 为二维或二维以上时），则返回的系数是形状为（n_targets,n_features）的二维数组，若仅传递了一个目标，则这是长度为 n_features 的一维数组
rank_	int 矩阵"X"的秩，仅在"X"是密集矩阵时可用
singular_	array of shape (min(X, y),) "X"的奇异值，仅在"X"是密集矩阵时可用
intercept_	float or array of shape (n_targets,) 线性回归模型中的截距项，若设置 fit_intercept = False，则截距为 0.0

线性回归方法表如表 4-2-27 所示。

表 4-2-27　线性回归方法表

方　　法	说　　明
fit(self, X, y[, sample_weight])	拟合线性回归模型
get_params(self[, deep])	获取此估计器的参数
predict(self, X)	使用线性回归模型进行预测
score(self, X, y[, sample_weight])	返回预测的确定系数
set_params(self, **params)	设置此估计器的参数

实训要求：使用线性回归算法，选择一个特征对鸢尾花进行分类。

程序示例如下：

```
import numpy as np
from sklearn import linear_model
import matplotlib.pyplot as plt
from sklearn.datasets import load_iris
iris = load_iris()
X = iris.data
#print(X.shape, X)
y = iris.target
#print(y.shape, y)
feature = 1
feature_other = 2
plt.scatter(X[0:50,feature], X[0:50,feature_other], color='red', marker='o',
label='setosa')                # 前 50 个样本
plt.scatter(X[50:100,feature], X[50:100,feature_other], color='blue', marker='x',
label='versicolor')            # 中间 50 个样本
plt.scatter(X[100:,feature], X[100:,feature_other],color='green', marker='+',
label='Virginica')             # 后 50 个样本
plt.show()
```

```
linear=linear_model.LinearRegression(fit_intercept=True,copy_X=True, n_jobs=1)
linear.fit(X[:,:1],y)
print("线性回归 training score: ",linear.score(X[:,:1],y))
plt.scatter(X[:,:1],y)
plt.scatter(X[:,:1],np.dot(X[:,:1],linear.coef_)+linear.intercept_)
plt.plot(X[:,:1],np.dot(X[:,:1],linear.coef_)+linear.intercept_)
plt.show()
```

线性回归程序运行结果如图 4-2-10 所示。

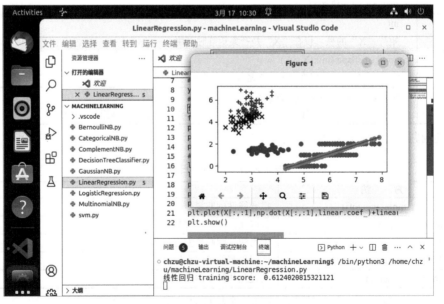

图 4-2-10　线性回归程序运行结果

4.2.6　KNN 算法

KNN（K Nearest Neighbors，K 近邻）是一种监督学习算法，该算法基于最近邻的思想，用于分类和回归问题。其基本原理是根据训练数据集中每个样本的特征向量和标签，对于新的测试样本，找到与其最相似的 K 个训练样本，并根据这 K 个样本的标签进行分类或预测。KNN 算法中的"K"代表选取最近邻的数量，因此 KNN 算法是一种基于实例的学习（Instance-Based Learning）算法。

KNN 算法主要包括两个步骤：训练和预测。在训练阶段，算法会将训练数据集中的每个样本的特征向量和标签记录下来。在预测阶段，算法会计算每个新的测试样本与训练样本的距离，并选择 K 个距离最近的训练样本。然后根据这 K 个训练样本的标签，利用多数表决法（Majority Vote）来预测测试样本的标签，即将 K 个样本中出现次数最多的标签作为预测结果。

KNN 算法的优化算法主要包括 KD 树和 Ball 树。KD 树是一种二叉树结构，用于将数据分割成小块，以快速搜索最近邻。Ball 树是一种树形数据结构，用于将数据分割成球形块，以快速搜索最近邻。在大规模数据集上使用 KNN 算法时，通过优化距离计算速度和减少 KD 树或 Ball 树的构建时间可以显著提高算法的效率。

KNN 算法的距离度量通常使用欧氏距离、曼哈顿距离、切比雪夫距离、闵可夫斯基距离等方法，其中，欧氏距离是最常用的距离度量方法。在实际应用中，需要对数据进行预处理和特征工程，同时需要注意选择适当的 K 值、距离度量方法和优化算法等。

KNN 算法的优点包括算法简单、易于理解和实现，而且适用于多分类问题和非线性决策边界。然而，KNN 算法也存在一些问题，如需要大量存储空间和计算距离，对数据分布和维度敏感等。在实际应用中，需要根据具体问题选择合适的机器学习算法。

KNN 原型：

```
class sklearn.neighbors.KNeighborsClassifier(n_neighbors=5, *, weights='uniform',
algorithm='auto', leaf_size=30, p=2, metric='minkowski', metric_params=None, n_jobs=
None, **kwargs)
```

KNN 参数表如表 4-2-28 所示。

表 4-2-28　KNN 参数表

参　　数	说　　明
n_neighbors	int, default=5 默认情况下用于 KNN 查询的近邻数
weights	{'uniform', 'distance'} or callable, default='uniform' 预测中使用的权重函数，可能值如下。 'uniform'：统一权重，每个域中的所有点均被加权。 'distance'：权重点与其距离的倒数，在这种情况下，查询点的近邻比远处的近邻具有更大的影响力。 [callable]：用户定义的函数，该函数接收距离数组，并返回包含权重的、形状相同的数组
algorithm	{'auto', 'ball_tree', 'kd_tree', 'brute'}, default='auto' 用于计算最近邻点的算法

参　　数	说　　明
leaf_size	int, default=30 将叶节点大小传递给 Ball 树或 KD 树。这会影响构造和查询的速度，以及存储树所需的内存，其最佳值取决于问题的性质
p	int, default=2 Minkowski 指标的功率参数。当"p = 1"时，这等效于对"p = 2"使用 manhattan_distance（l1）和 euclidean_distance（l2）。对于任意"p"，使用 minkowski_distance（l_p）
metric	str or callable, default='minkowski' 树使用的距离度量方法，默认度量标准为 minkowski，"p = 2"为标准欧几里得度量标准
metric_params	dict, default=None 度量功能的其他关键字参数
n_jobs	int, default=None 为近邻点搜索运行的并行作业数

KNN 属性表如表 4-2-29 所示。

表 4-2-29　KNN 属性表

属　　性	说　　明
classes_	array of shape (n_classes,) 分类器已知的类标签
effective_metric_	str or callable 使用的距离度量方法，和表 4-2-28 中 metric 参数设定的距离度量方法一致。例如，若将 metric 参数设置为"minkowski"，将 p 参数设置为 2，则为"euclidean"
effective_metric_params_	Dict 指标函数附加的关键字参数，对于大多数距离指标，将和表 4-2-28 中的 metric 参数相同，但如果将 effective_metric_params_ 属性设置为'minkowski'，那么也可能包含表 4-2-28 中 p 参数的值，其返回的形式是字典
outputs_2d_	Bool 在拟合期间，当"y"的形状为（n_samples，）或（n_samples，1）时，Bool 值为 False；否则 Bool 值为 True

KNN 方法表如表 4-2-30 所示。

表 4-2-30　KNN 方法表

方　　法	说　　明
fit(, X, y)	使用"X"作为训练数据，使用"y"作为目标值，拟合模型
get_params([, deep])	获取此估算器的参数
kneighbors([, X, n_neighbors, …])	查找点的"K"近邻点
kneighbors_graph([, X, n_neighbors, mode])	计算"X"中点的"K"近邻点的（加权）图
predict(, X)	预测提供的数据的类标签
predict_proba(, X)	测试数据"X"的返回概率估计
score(, X, y[, sample_weight])	返回给定测试数据和标签的平均准确率
set_params(, **params)	设置此估算器的参数

代码示例：

```python
import numpy as np
from sklearn.datasets import load_iris
from sklearn.model_selection import train_test_split
from sklearn.neighbors import KNeighborsClassifier


iris_data = load_iris()
# 该函数返回一个 Bunch 对象，它直接继承自 Dict 类，与字典类似，由键值对组成
# 可以使用 bunch.keys()、bunch.values()、bunch.items() 等方法
print(type(iris_data))
# data 里面是花萼长度、花萼宽度、花瓣长度、花瓣宽度的测量数据，格式为 NumPy 数组
print(iris_data['data'])                            # 花的样本数量
print("花的样本数量：{}".format(iris_data['data'].shape))
print("花的前 5 个样本数据：{}".format(iris_data['data'][:5]))


# 0 代表 setosa, 1 代表 versicolor, 2 代表 virginica
print(iris_data['target'])                          # 类别
print(iris_data['target_names'])                    # 花的品种


# 构造训练样本数据和测试样本数据
X_train,X_test,y_train,y_test = train_test_split(\
iris_data['data'],iris_data['target'],random_state=0)
print("训练样本数据的大小：{}".format(X_train.shape))
print("训练样本标签的大小：{}".format(y_train.shape))
print("测试样本数据的大小：{}".format(X_test.shape))
print("测试样本标签的大小：{}".format(y_test.shape))


# 构造 KNN 模型
knn = KNeighborsClassifier(n_neighbors=1)
# knn = KNeighborsClassifier(n_neighbors=3)


# 训练模型
knn.fit(X_train,y_train)
y_pred = knn.predict(X_test)


# 评估模型
print("模型精度：{:.2f}".format(np.mean(y_pred==y_test)))
print("模型精度：{:.2f}".format(knn.score(X_test,y_test)))


# 进行预测
X_new = np.array([[1.1,5.9,1.4,2.2]])
prediction = knn.predict(X_new)
print("预测的目标类别是：{}".format(prediction))
print("预测的目标类别花名是：{}".format(iris_data['target_names'][prediction]))
```

KNN 程序运行结果如图 4-2-11 所示。

图 4-2-11 KNN 程序运行结果

任务 4.3 无监督学习编程

任务描述

掌握 K-Means、主成分分析（PCA）等无监督学习算法的核心思想；能够使用 sklearn 库编写相关程序，解决实际问题。

关键步骤

（1）掌握 K-Means、主成分分析等无监督学习算法的核心思想。

（2）使用 sklearn 库中的 K-Means、主成分分析等无监督学习算法编写相关程序，解决实际问题。

无监督学习是一种机器学习算法，其主要任务是从未经标记的数据中挖掘有用的结构和规律。它的基本原理是在未知类别的数据集中发现模式和规律，而不需要预先定义分类或标签。因此，该方法通常用于数据预处理、探索性数据分析和数据压缩等领域，以及在大规模数据集中自动发现隐藏的特征或模式。

无监督学习的主要作用包括以下几点：

① 识别数据集中的模式和规律，揭示数据之间的关系和数据的潜在结构；

② 降低数据维度，使得数据处理和分析更加高效；

③ 进行数据预处理，如去除噪声和异常值，归一化等；

④ 探索性数据分析，如探索数据集的分布、密度、聚类等特征；

⑤ 数据压缩，如将高维数据映射到低维空间。

无监督学习的应用场景非常广泛，包括自然语言处理、图像处理、信号处理、生物信息学、金融和社交网络等领域。在这些领域中，无监督学习可以用于文本聚类、图像分割、异常检测、网络分析、市场细分等任务。

无监督学习是一种重要的机器学习算法，它可以发现数据的模式和规律，并将其用于数据处理和分析。无监督学习的应用场景非常广泛，以下是一些常见的应用场景。

① 数据压缩和降维：可以帮助压缩和降维数据，这在处理大规模数据时非常有用。

② 聚类分析：可以通过聚类分析发现数据的模式和结构，如将一组未标记的数据分成不同的群体。

③ 异常检测：可以识别数据集中的异常点，这对于金融、医疗等领域的风险评估和检测非常有用。

④ 推荐系统：可以通过对用户行为和偏好进行分析，自动地为用户推荐产品、音乐、电影等。

⑤ 自然语言处理：可以用于语言模型的建立、语言分类、主题提取、情感分析等任务。

⑥ 图像处理：可以用于图像分割、特征提取、物体检测、图像生成等任务。

⑦ 基因组学：可以用于基因表达数据的聚类、差异分析、基因标记的选择等任务。

⑧ 网络分析：可以用于网络分析、社区检测、节点分类、关系挖掘等任务。

无监督学习的应用场景还有很多，它可以应用于各种领域的数据分析和模式发现。

4.3.1　K-Means 算法

K-Means 算法是一种无监督学习的聚类算法，用于将一组未标记的数据集分成不同的群体。其基本思想是将数据集中的数据点分成 K 个不同的群体，使得每个群体内部的数据点之间的距离尽可能小，而使不同群体之间的距离尽可能大。下面对 K-Means 算法的基本原理、分类方法、优化算法和算法模型进行详细介绍。

1）基本原理

K-Means 算法的基本原理如下。

（1）随机选取 K 个数据点作为初始聚类中心。

（2）对于每个数据点，计算它与 K 个聚类中心的距离，将它分配给距离最近的聚类中心所在的群体。

（3）重新计算每个群体的聚类中心。

（4）重复步骤（2）和（3），直到聚类中心不再改变，或者达到预设的迭代次数为止。

2）分类方法

K-Means 算法的分类方法如下。

（1）硬聚类（Hard Clustering）：每个数据点只能属于一个聚类群体，即每个数据点只被分配到距离最近的一个聚类中心所在的群体。

（2）软聚类（Soft Clustering）：每个数据点可以被分配到多个聚类群体，即每个数据点可以被分配到多个聚类中心所在的群体，根据分配权重来衡量数据点对不同聚类中心的归属程度。

3）优化算法

K-Means 算法的优化算法主要有以下两种。

（1）随机初始化：K-Means 算法的聚类结果会受到初始聚类中心的影响，因此，通常会进行多次随机初始化，选择最优的聚类结果。

（2）使用其他聚类算法的结果初始化：可以使用其他聚类算法得到的结果来初始化 K-Means 算法的聚类中心，如谱聚类、层次聚类等算法的初始化结果。

K-Means 算法是一种简单而有效的聚类算法，它被广泛应用于数据分析、图像处理、自然语言处理等领域。

4）算法原型

```
class sklearn.cluster.K-Means(n_clusters=8, *, init='k-means++', n_init=10, max_
iter=300, tol=0.0001, precompute_distances='deprecated', verbose=0, random_state=None,
copy_x=True, n_jobs='deprecated', algorithm='auto')
```

K-Means 参数表如表 4-3-1 所示。

表 4-3-1　K-Means 参数表

参　　数	方　　法
n_clusters	int, default=8 要形成的簇数及要生成的质心数
init	{'k-means++', 'random', ndarray, callable}, default='k-means++'
max_iter	int, default=300 运行 K-Means 算法的最大迭代次数
precompute_distances	{'auto', True, False}, default='auto' 预计算距离，速度更快，但会占用更多内存
verbose	int, default=0 详细模式
random_state	int, RandomState instance, default=None 确定用于质心初始化的随机数。使用整数使随机性确定
copy_x	bool, default=True 若 copy_x 为 True（默认值），则不会修改原始数据。若 copy_x 为 False，则对原始数据进行修改，并在函数返回之前将其放回，但可以通过减去和添加数据均值来引入较小的数值差异
n_jobs	int, default=None 用于计算的 OpenMP 线程数
algorithm	{"auto", "full", "elkan"}, default="auto" 表示 K-Means 要使用的算法

K-Means 属性表如表 4-3-2 所示。

表 4-3-2　K-Means 属性表

属　　性	说　　明
cluster_centers_	ndarray of shape (n_clusters, n_features) 簇中心坐标
labels_	ndarray of shape (n_samples,) 每一点的标签
inertia_	Float 样本到其最近的聚类中心的平方距离之和
n_iter_	Int 运行的迭代次数

K-Means 方法表如表 4-3-3 所示。

表 4-3-3　K-Means 方法表

方　　法	说　　明
fit(self, X[, y, sample_weight])	计算 K-Means
fit_predict(self, X[, y, sample_weight])	计算聚类中心并预测每个样本的聚类索引
fit_transform(self, X[, y, sample_weight])	计算聚类并将 "X" 转换为簇距离空间
get_params(self[, deep])	获取此估算器的参数
predict(self, X[, sample_weight])	预测 "X" 中每个样本所属的距离最近的聚类中心
set_params(self, **params)	设置此估算器的参数
transform(self, X)	将 "X" 转换为簇距离空间

代码示例：

```
import matplotlib.pyplot as plt
import numpy as np
from sklearn.cluster import K-Means
from sklearn import datasets

iris = datasets.load_iris()
X = iris.data[:, :4]                 # 表示取特征空间中的 4 个维度
print(X.shape)

# 绘制数据分布图
plt.scatter(X[:, 0], X[:, 1], c="red", marker='o', label='see')
plt.xlabel('sepal length')
plt.ylabel('sepal width')
plt.legend(loc=2)
#plt.show()

estimator = KMeans(n_clusters=3)  # 构造聚类器
estimator.fit(X)                   # 聚类
label_pred = estimator.labels_     # 获取聚类标签
# 绘制 K-Means 结果
x0 = X[label_pred == 0]
x1 = X[label_pred == 1]
x2 = X[label_pred == 2]
```

```
plt.scatter(x0[:, 0], x0[:, 1], c="red", marker='o', label='label0')
plt.scatter(x1[:, 0], x1[:, 1], c="green", marker='*', label='label1')
plt.scatter(x2[:, 0], x2[:, 1], c="blue", marker='+', label='label2')
plt.xlabel('sepal length')
plt.ylabel('sepal width')
plt.legend(loc=2)
plt.show()
```

K-Means 程序运行结果如图 4-3-1 所示。

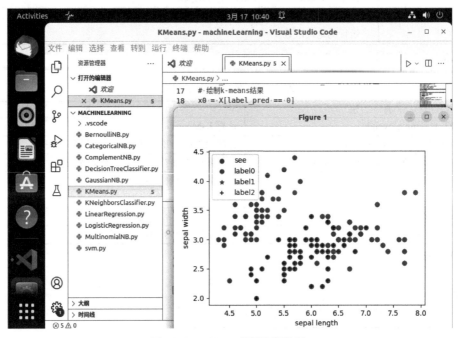

图 4-3-1　K-Means 程序运行结果

4.3.2　主成分分析

主成分分析（Principal Component Analysis，PCA）是一种常见的无监督降维技术，用于减少高维数据集中的特征数量。PCA 可以将原始数据转换成新的低维度数据，同时尽可能地保留原始数据的信息，这种转换过程是通过找到原始数据中的主要成分来实现的。

PCA 的基本原理是将高维数据映射到一个低维子空间中，同时保留尽可能多的信息。该算法的目标是找到一组新的变量，它们是原始变量的线性组合，可以最大化这些新变量的方差。在找到这些新变量后，可以选择最具代表性的变量，将数据投影到该子空间中，以实现降维。

PCA 的分类方法通常包括以下几个步骤。

对原始数据进行标准化，使每个特征具有相同的重要性。

计算原始数据的协方差矩阵。

对协方差矩阵进行特征分解，得到特征向量和对应的特征值。

对特征向量按照其对应的特征值从大到小进行排序，选择前 k 个特征向量，其中，k 为希望降维到的维度数。

构建转换矩阵，将原始数据投影到新的子空间中。

将数据投影到新的子空间中，得到降维后的数据集。

常见的 PCA 优化算法有增量 PCA（IPCA）和随机 PCA（RPCA）。IPCA 是一种增量算法，可以用于处理大型数据集，而 RPCA 是一种随机算法，可以处理高维度和大规模的数据集。

PCA 的应用范围非常广泛，如图像处理、语音识别、文本挖掘等。在图像处理领域，PCA 可以用于图像压缩和降噪；在语音识别领域，PCA 可以用于特征提取和降噪；在文本挖掘领域，PCA 可以用于词汇表示和文本分类。

PCA 原型：

```
class sklearn.decomposition.PCA(n_components=None, *, copy=True, whiten=False,
svd_solver='auto', tol=0.0, iterated_power='auto', random_state=None)
```

PCA 参数表如表 4-3-4 所示。

表 4-3-4　PCA 参数表

参　　数	说　　明
n_components	int, float, None or str 要保存的样本数量，若没有设置 n_components，则保留所有样本： n_components == min(n_samples, n_features)
copy	bool, default=True 若为 False，则传递给 fit 的数据将被覆盖，运行 fit(X).transform(X)将不会产生预期的结果，可使用 fit_transform(X)代替
whiten	bool, optional (default False) 当为 True（默认为 False）时，components_向量乘以 n_samples 的平方根，然后除以奇异值，以确保输出与单位分量方差不相关
svd_solver	str {'auto', 'full', 'arpack', 'randomized'} 若是 auto，则根据基于"X"的默认策略选择求解器
tol	float >= 0, optional (default .0) svd_solver == 'arpack'，计算奇异值的容忍度
iterated_power	int >= 0, or 'auto', (default 'auto') svd_solver，计算幂次法的迭代次数== 'random'
random_state	int, RandomState instance, default=None 当 svd_solver == 'arpack'或'randomver'时使用，在多个函数调用中传递可重复的结果

PCA 属性表如表 4-3-5 所示。

表 4-3-5　PCA 属性表

属　　性	说　　明
components_	array, shape (n_components, n_features) 特征空间的主轴，表示数据中方差最大的方向
explained_variance_	array, shape (n_components) 所选择的每个分量所解释的方差量

续表

属　　性	说　　明
explained_variance_ratio_	array, shape (n_components,) 所选择的每个组成部分所解释的方差百分比
singular_values_	array, shape (n_components,) 对应于每个选定分量的奇异值
mean_	array, shape (n_features,) 每个特征的经验平均数，从训练集估计，等于 X.mean(axis=0)
n_components_	Int 估计的组件数量
n_features_	Int 训练数据的特征数
n_samples_	Int 训练数据的样本数
noise_variance_	Float 根据 Tipping 和 Bishop 于 1999 年建立的概率 PCA 模型估计的噪声协方差

PCA 方法表如表 4-3-6 所示。

表 4-3-6　PCA 方法表

方　　法	说　　明
fit(X[, y])	用"X"拟合模型
fit_transform(X[, y])	用"X"拟合模型，对"X"进行降维
get_covariance()	用生成模型计算数据协方差
get_params([deep])	获取这个估算器的参数
get_precision()	利用生成模型计算数据精度矩阵
inverse_transform(X)	将数据转换回其原始空间
score(X[, y])	返回所有样本的平均对数似然值
score_samples(X)	返回每个样本的对数似然值
set_params(**params)	设置这个估算器的参数
transform(X)	对"X"应用维数约简

实训要求：使用 PCA 对鸢尾花四维数据（Iris）进行降维处理，并将降维后的数据根据不同的类别用不同颜色显示在二维坐标系中。

代码示例：

```
import matplotlib.pyplot as plt
from sklearn.datasets import load_iris
from sklearn.decomposition import PCA
import pandas as pd


iris = load_iris() # 获取鸢尾花数据集
# 数据集标签为['setosa','versicolor','virginica']，分别表示山鸢尾、变色鸢尾、维吉尼亚鸢尾
Y = iris.target
X = iris.data        # 数据集的特征分为四个维度：花瓣的长度、宽度，以及花萼的长度、宽度
# Y
# X
# X.shape
```

```
# pd.DataFrame(X)
# 调用 PCA
# 实例化 n_components:降维后需要的维度,即需要保留的特征数量,可视化数据一般取值 2
pca = PCA(n_components=2)
pca = pca.fit(X)              # 拟合模型
X_dr = pca.transform(X)       # 获取新矩阵
# X_dr
# 也可以 fit_transform 一步到位
# X_dr = PCA(2).fit_transform(X)
# 要将三种鸢尾花的数据分布显示在二维平面坐标系中,对应的两个坐标(两个特征向量)应该是三种鸢尾花降维
# 后的坐标
# X_dr[Y == 0, 0]
# 这里是布尔索引,即取出 Y=0 的行的第 0 列
# 对三种鸢尾花分别进行绘图
colors = ['red', 'black', 'orange']
# iris.target_names
plt.figure()                  # 画布
for i in [0, 1, 2]:
plt.scatter(X_dr[Y == i, 0]                   # X 轴
            , X_dr[Y == i, 1]                 # Y 轴
            , alpha=1                         # 图表的填充不透明度(0~1)
            , c=colors[i]                     # 颜色
            , label=iris.target_names[i]      # 标签
            )
plt.legend()                  # 显示图例
plt.title('PCA of IRIS dataset')              # 设置标题
plt.show()                    # 画图
```

PCA 程序运行结果如图 4-3-2 所示。

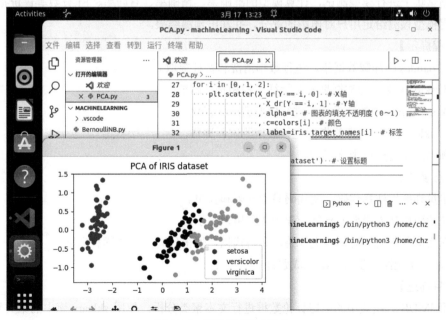

图 4-3-2 PCA 程序运行结果

小结

本章主要介绍了机器学习的基本概念、流程和主要分类。首先，我们了解了什么是机器学习及它的应用领域。接着，介绍了机器学习的基本流程，包括数据预处理、特征工程、模型选择和评估等步骤。此外，本章介绍了监督学习和无监督学习两种主要的机器学习算法。通过本章的学习，读者能够掌握机器学习的基本流程和分类方法，理解监督学习、无监督学习中经典算法的核心思想和应用场景，并具备使用不同的机器学习算法解决实际问题的能力。

习题

1. 请使用监督学习算法完成题目

【题目描述】

给定一个用户和一部电影的元数据，预测用户是否会对这部电影给出高于 4 分的评分。使用 MovieLens 数据集进行训练和测试，使用 sklearn 库中的分类算法进行实现。

【数据集说明】

MovieLens 数据集包含多个版本，我们可以选择其中的一个版本使用。该数据集包含用户对电影的评分数据，以及电影的元数据，如电影的名称、导演、演员、类型等。

【任务要求】

加载数据集并进行数据预处理，包括数据清洗和特征提取。

将数据集划分为训练集和测试集，并进行特征工程和特征缩放。

使用 sklearn 库中的分类算法（如决策树、逻辑回归等）进行模型训练和优化。

在测试集上进行模型测试，计算模型的准确率、精确率、召回率、F1 分数等评价指标。

使用模型预测给定用户对电影的评分，并输出预测结果。

【编程提示】

使用 pandas 库加载数据集，进行数据清洗和特征提取。

使用 sklearn 库进行数据划分、特征工程和特征缩放。

使用 sklearn 库中的分类算法进行模型训练和优化。

使用 sklearn 库中的评价指标进行模型测试和评估。

对预测结果进行可视化展示。

【注意事项】

请尽量详细地注释代码，使代码易于理解和复用。

请在代码中加入必要的异常处理步骤和错误提示。

请在完成任务后，对代码进行整理和格式化，使得代码易于阅读和理解。

2. 请使用无监督学习算法完成题目

【题目描述】

使用 IMDB 数据集中的电影评论数据进行文本聚类分析，使用 sklearn 库中的聚类算法进行实现。

【数据集说明】

IMDB 数据集包含多个版本，我们可以选择其中的一个版本使用。该数据集包含用户对电影的评论数据，以及电影的元数据，如电影的名称、导演、演员、类型等。

【任务要求】

加载数据集并进行数据预处理，包括数据清洗和特征提取。

对文本数据进行特征工程和特征提取，使用 TF-IDF 算法计算词频和文件频率。

使用 sklearn 库中的聚类算法（如 K-Means 聚类、层次聚类等）进行模型训练和优化。

对聚类结果进行可视化展示，使用不同颜色标记不同的聚类簇。

使用模型预测新的电影评论属于哪个聚类簇，并输出预测结果。

【编程提示】

使用 pandas 库加载数据集，进行数据清洗和特征提取。

使用 sklearn 库进行特征工程和特征提取，使用 TF-IDF 算法计算词频和文件频率。

使用 sklearn 库中的聚类算法进行模型训练和优化。

使用 matplotlib 库对聚类结果进行可视化展示。

对预测结果进行可视化展示。

【注意事项】

请尽量详细地注释代码，使得代码易于理解和复用。

请在代码中加入必要的异常处理步骤和错误提示。

请在完成任务后，对代码进行整理和格式化，使得代码易于阅读和理解。

第 5 章
智慧家居传感器数据采集与展示系统

技能目标

◎ 能够安装和配置 VS Code，并能够使用 VS Code 进行编程。

◎ 能够安装和部署 Flask 环境并进行基础编程。

◎ 能够安装和配置 MySQL 并通过编写 SQL 语句操作数据库。

◎ 能够采集、存储智慧家居数据并使用机器学习算法处理传感器数据。

◎ 能够对采集的传感器数据进行可视化展示。

本章任务

学习本章，读者需要完成以下任务。

设计并实现一个智慧家居传感器数据采集与展示系统，旨在通过传感器采集家庭环境中的数据，并对这些数据进行分析和展示，以帮助用户了解家居环境的状态。该系统将包括传感器数据采集、存储、处理和展示四个部分。

任务 5.1 安装和配置 VS Code 并掌握使用方法。

安装和配置 VS Code，并通过示例操作掌握其基本使用方法。

任务 5.2 Flask 环境部署与基础编程。

安装 Flask，并通过编程实践了解和掌握 Flask 的基本使用方法。

任务 5.3 MySQL 安装配置与基础操作。

安装和配置 MySQL，并通过 SQL 操作示例了解和掌握 MySQL 的基本使用方法。

任务 5.4 智慧家居数据采集与处理。

采集传感器数据并上传至 EMQ X Broker 代理服务器；订阅 EMQ X Broker 数据并将数据写入 Kafka；使用 Flink 流计算项目将读取到的 Kafka 数据写入关系数据库 MySQL；使用 Python 编写程序，将 MySQL 中的数据写入分布式文件系统 HDFS，进行持久化存储；使用机器学习算法对写入 MySQL 的数据进行建模和预测。

任务 5.5 数据可视化展示。

使用 Grafana 对采集的传感器数据进行可视化展示。

任务 5.1　安装和配置 VS Code 并掌握使用方法

任务描述

安装和配置 VS Code，并通过示例操作掌握其基本使用方法。

关键步骤

（1）安装和配置 VS Code。

- 从官方网站下载 VS Code 安装包。
- 安装 VS Code。
- 配置 VS Code。

（2）掌握 VS Code 基本使用方法。

- 新建项目工作空间。
- 使用 VS Code 打开项目工作空间。
- 新建项目文件并编写测试代码。
- 运行代码，查看结果。

5.1.1　安装和配置 VS Code

VS Code 是近些年较为流行的软件开发环境，它可运行于各种操作系统平台，安装较为简单，只需要进行简单配置便可进行开发工作。

（1）下载 VS Code 安装包。

首先前往 VS Code 官网下载对应平台安装包。

本小节下载 Ubuntu 平台下的 deb 安装包。

（2）安装 VS Code，如图 5-1-1 所示。

执行以下命令安装：

```
cd ~/Downloads
sudodpkg -i[文件名].deb
```

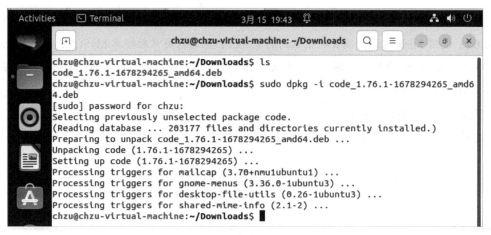

图 5-1-1　安装 VS Code

打开应用程序列表可以发现 VS Code 已经安装完成，打开 VS Code 界面，如图 5-1-2 所示。

图 5-1-2　VS Code 界面

（3）配置 VS Code。

新安装的 VS Code 的默认语言环境是英语，要切换到中文环境，最简单的方式是安装中文插件。如图 5-1-3 所示，点击左侧栏的插件安装图标进入插件安装界面，搜索中文简体（如"Chinese"），点击安装语言包即可。

图 5-1-3　配置 VS Code

5.1.2　VS Code 基本使用方法

（1）新建项目工作空间。

使用命令 mkdir workspace && cd workspace 新建并进入一个名为 workspace 的项目工作空间，如图 5-1-4 所示。

图 5-1-4　新建并进入项目工作空间 workspace

（2）使用 VS Code 打开项目工作空间。

如图 5-1-5 所示，点击"打开文件夹"按钮，选择需要打开的项目文件夹，如图 5-1-6 所示。此处以 home 目录中的 workspace 为例，选择 workspace 后会打开相应文件夹，如图 5-1-7 所示。

图 5-1-5　VS Code 主界面

图 5-1-6　选择需要打开的项目文件夹

图 5-1-7 打开 workspace 文件夹

（3）新建项目文件并编写测试代码。

在 workspace 文件夹中安装扩展：Python，如图 5-1-8 所示。新建一个名为 main.py 的文件，并编写测试代码。

图 5-1-8 安装扩展：Python

（4）运行代码并查看结果。

如图 5-1-9 所示，点击操作页面右上角的运行按钮，可以查看代码运行结果。

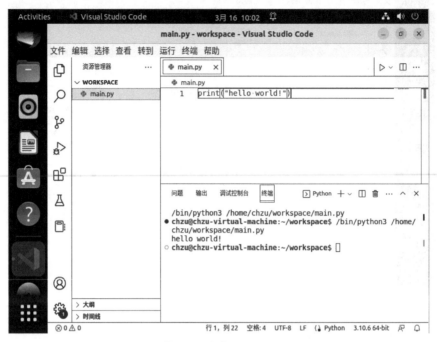

图 5-1-9　运行 main.py

任务 5.2　Flask 环境部署与基础编程

任务描述

安装 Flask，并通过编程实践了解和掌握 Flask 的基本使用方法。

关键步骤

（1）安装 Python 3。
- 安装 pip。
- 配置 Python 虚拟环境。
- 配置当前用户的环境变量。
- 刷新配置文件。
- 使用虚拟环境。

（2）安装 Flask。
- 创建虚拟环境。
- 激活虚拟环境。
- 安装 Flask。

（3）Flask 基本使用方法。

- 部署一个简单的 Web 项目。
- 通过浏览器向服务器传递参数。
- 在浏览器显示静态 HTML 页面。
- 在 HTML 页面中显示 URL 传递的参数。
- 在 HTML 中显示图片。

5.2.1　安装 Python 3

推荐使用最新版本的 Python。Flask 支持 Python 3.6 及以上的版本。若要用到 contextvars.ContextVar，则需要 Python 3.7 及以上的版本。

Ubuntu 22.04 默认安装了 Python 3，因此用户不需要手动安装 Python。除此之外，用户还需要安装 Python 包管理工具 pip，使用以下命令即可完成安装。

（1）安装 pip。

```
sudo apt update
sudo apt install python3-pip
```

（2）配置 Python 虚拟环境。

在 Ubuntu 22.04 环境下配置 Python 虚拟环境，如图 5-2-1 所示。

```
sudo apt install virtualenv
sudo apt install virtualenvwrapper
```

图 5-2-1　配置 Python 虚拟环境

（3）配置当前用户的环境变量。

在命令行中输入以下命令进行环境配置，环境变量如图 5-2-2 所示。

```
vim ~/.bashrc
export VIRTUALENVWRAPPER_PYTHON=/usr/bin/python3
export WORKON_HOME=~/virtualenvs
source /usr/share/virtualenvwrapper/virtualenvwrapper.sh
```

提示：用 sudo find / -name virtualenvwrapper.sh 命令查询文件的存储路径，不同 Ubuntu 版本的文件路径不一致，可根据查询的路径进行添加。

图 5-2-2　环境变量

（4）刷新配置文件。

使用以下命令刷新配置文件，如图 5-2-3 所示。

```
source ~/.bashrc
```

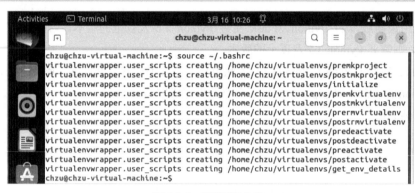

图 5-2-3　刷新配置文件

（5）使用虚拟环境。

用户可以使用以下命令进行虚拟环境的创建、查询、进入、退出及删除操作。

① 创建虚拟环境。

命令格式：mkvirtualenv [虚拟环境名称]

如图 5-2-4 所示，使用 mkvirtualenv demo 命令创建虚拟环境，其中，demo 是为演示需要而设置的虚拟环境名称。

图 5-2-4　创建虚拟环境

② 查询虚拟环境。

命令格式：workon

如图 5-2-5 所示，使用 workon 命令查询虚拟环境。

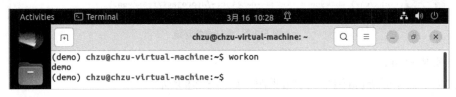

图 5-2-5　查询虚拟环境

③ 进入虚拟环境。

命令格式：workon[虚拟环境名称]

④ 退出虚拟环境。

命令格式：deactivate

⑤ 删除虚拟环境。

命令格式：rmvirtualenv[虚拟环境名称]

5.2.2　安装 Flask

建议在开发环境和生产环境下都使用虚拟环境来管理项目的依赖。随着 Python 项目越来越多，用户会发现不同项目需要不同版本的 Python 库。虚拟环境可以为每一个项目安装独立的 Python 库，这样就可以隔离不同项目之间的 Python 库，也可以隔离项目与操作系统之间的 Python 库。Python 内置了用于创建虚拟环境的 venv 模块。

（1）创建虚拟环境。

使用以下命令创建一个项目文件夹，然后创建虚拟环境。创建完成后，项目文件夹中会有一个 flaskvenv 文件夹，如图 5-2-6 所示。

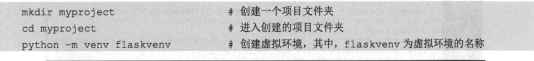

```
mkdir myproject              # 创建一个项目文件夹
cd myproject                 # 进入创建的项目文件夹
python -m venv flaskvenv     # 创建虚拟环境，其中，flaskvenv 为虚拟环境的名称
```

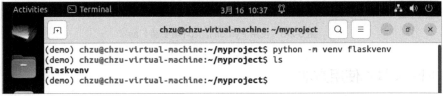

图 5-2-6　创建虚拟环境

（2）激活虚拟环境。

在开始工作前，先使用以下命令激活相应的虚拟环境：通过 cd flaskvenv 命令进入 flaskvenv 目录，通过 source 执行其 bin 目录中的 activate 命令激活虚拟环境，如图 5-2-7 所示。

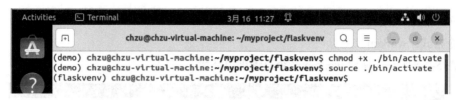

图 5-2-7　激活虚拟环境

（3）安装 Flask。

通过以下操作更新 pip 清华大学数据源，如图 5-2-8 所示。

```
mkdir ~/.pip
vim ~/.pip/pip.conf
```

将以下内容复制到 pip.conf 文件后保存并退出。

```
[global]
index-url = https://pypi.tuna.tsinghua.edu.cn/simple

[install]
trusted-host=pypi.tuna.tsinghua.edu.cn
```

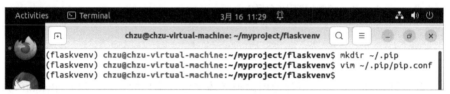

图 5-2-8　更新 pip 清华大学数据源

在已激活的虚拟环境中可以使用如下命令安装 Flask：

```
pip install Flask
```

在 Ubuntu 22.04 环境下使用 Python 虚拟环境安装 Flask，如图 5-2-9 所示。

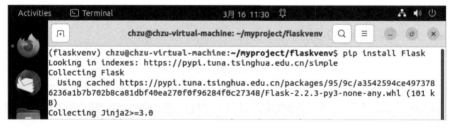

图 5-2-9　使用 Python 虚拟环境安装 Flask

5.2.3　Flask 基本使用方法

（1）部署一个简单的 Web 项目。

在 Visual Studio Code 中选择"文件"→"打开文件夹"命令，选择打开 5.2.2 节中创建的
myproject 文件夹，如图 5-2-10 所示。

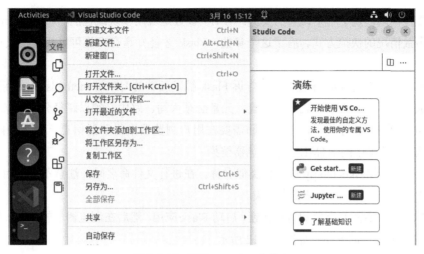

图 5-2-10　打开 myproject 文件夹

在打开的 **myproject** 文件夹中新建一个文件 **flaskdemo.py**，如图 5-2-11 所示，并输入以下 Flask 应用代码。

```
from flask import Flask
app = Flask(__name__)
@app.route("/",methods=['GET', 'POST'])
def hello_world():
 return "<p>Hello world!</p>"
if __name__ == "__main__":
app.run(host='0.0.0.0',port =5000)
```

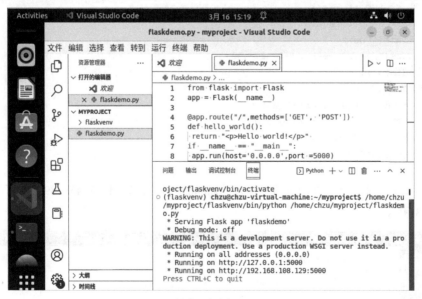

图 5-2-11　新建一个文件 flaskdemo.py

那么，上述代码有什么含义呢？

在第 1 行代码导入了 Flask 类，该类的实例将会成为 WSGI 应用。

在第 2 行代码创建了一个该类的实例。第 1 个参数是应用模块或包的名称。__name__ 是一个适用于大多数情况的快捷方式。有了这个参数，Flask 才能知道在哪里可以找到模板和静态文件等内容。

在第 3 行代码使用 route() 装饰器来告诉 Flask 触发函数的 URL。methods 参数用于设置路由支持的请求方式，以列表的形式进行设置，元素必须大写。路由必须以路径分隔符"/" 开头。

在第 4 行和第 5 行代码，函数返回需要在用户浏览器中显示的信息，默认的内容类型是 HTML，因此字符串中的 HTML 会被浏览器渲染。

把文件保存为 flaskdemo.py 或其他类似名称。在进行文件命名时，注意不要使用 flask.py 作为应用名称，这会与 Flask 本身发生冲突。

点击 VS Code 界面右上角的运行按钮，启动 Flask 应用，然后在浏览器中输入 localhost:5000，即可看到 Web 应用返回界面，如图 5-2-12 所示。

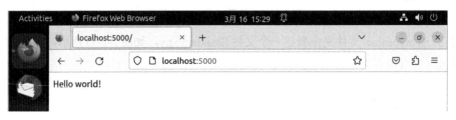

图 5-2-12 Web 应用返回界面

（2）通过浏览器向服务端传递参数。

很多时候，需要通过 URL 传递参数、进行数据筛选等，示例代码如下所示。

```python
from flask import Flask
from flask import request
app = Flask(__name__)
@app.route("/info",methods=['GET',])
def sendinfo():
# 获取参数 id 对应的值
sendid = request.args.get('id')
return "The id is " + str(sendid)
if __name__ == "__main__":
app.run(host='0.0.0.0',port =5000)
```

重新启动浏览器，然后在浏览器中输入 localhost:5000/info?id=123456789，即可显示效果，如图 5-2-13 所示。

图 5-2-13 通过浏览器传递参数

（3）在浏览器显示静态 HTML 页面。

在放置 Python 脚本的文件夹下新建一个 templates 文件夹，将所有想调用的 HTML 文件都放在这个文件夹里面。下面以一个简单的 HTML 文件为例进行演示。

① 创建一个名为 simpledemo.html 的文件，并在文件中编辑以下代码。

```html
<html>
  <body>
  <h1>Hello World</h1>
  <p>This is a simple demo for Flask</p>
  </body>
</html>
```

此时，Flask 项目的文件夹结构如图 5-2-14 所示。

图 5-2-14　Flask 项目的文件夹结构

② 修改 Python 脚本。

```python
from flask import Flask
from flask import render_template
app = Flask(__name__)
@app.route("/")
def sendtemplate():
  return render_template("simpledemo.html")
if __name__ == "__main__":
  app.run(host='0.0.0.0',port =5000)
```

③ 重新运行脚本。

在浏览器中输入地址，调用 HTML 页面，如图 5-2-15 所示。

图 5-2-15　调用 HTML 页面

（4）在 HTML 页面中显示 URL 传递的参数。

① 修改 Python 脚本。

修改 Python 脚本，使其可以接收 URL 传递的参数，示例代码如下所示。

```python
from flask import Flask
from flask import request
from flask import render_template


app = Flask(__name__)
@app.route("/info",methods=['GET',])
def sendinfo_tem():
    # 获取 URL 中参数 id 对应的值
    id = request.args.get('id')
    return render_template("simpledemo.html",userid=id)
if __name__ == "__main__":
    app.run(host='0.0.0.0',port=5000)
```

代码中的"userid"是传入 simpledemo.html 模板的值，当然，也可以有第二个、第三个参数值传入。

② 修改 simpledemo.html 文件。

修改 HTML 页面代码，使其接收并显示传入的参数值，示例代码如下所示。

```html
<html>
  <body>
    <h1>Hello World</h1>
    <p>The id is {{userid}}</p>
  </body>
</html>
```

其中，"{{userid}}"就是通过浏览器传递的参数值。

③ 重启浏览器，在浏览器中输入 URL，HTML 页面显示 URL 参数，如图 5-2-16 所示。

图 5-2-16　HTML 页面显示 URL 参数

（5）在 HTML 页面中显示图片。

① 新建文件夹并存放图片。

在放置 Python 脚本的文件夹下新建一个名为 static 的文件夹，然后在 static 文件夹中新建一个 images 文件夹。将需要在 HTML 页面中显示的图片存放在 images 文件夹中。文件夹的层次关系如图 5-2-17 所示。

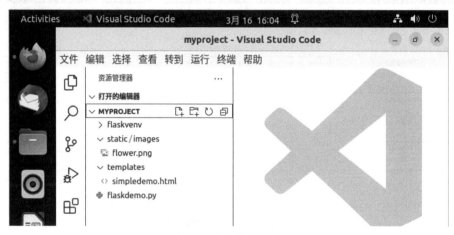

图 5-2-17　文件夹的层次关系

② 修改 simpledemo.html 文件。

修改 HTML 页面代码，使其显示图片，示例代码如下所示。

```html
<html>
  <body>
    <h1>Hello World</h1>
    <p>The id is {{userid}}</p>
    <imgsrc="{{url_for('static',filename='images/flower.png')}}"/>
  </body>
</html>
```

③ 重启，在浏览器中输入 URL，HTML 页面显示图片如图 5-2-18 所示。

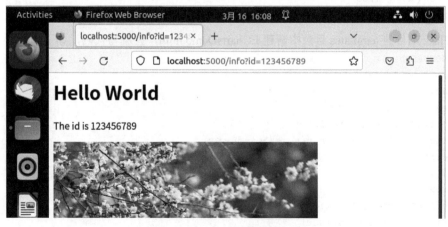

图 5-2-18　HTML 页面显示图片

（6）在 HTML 中显示 ECharts 图表。

① 下载 echarts.js。

在 ECharts 官方网站下载 echarts.js，并将其放入 Flask 项目的 static 目录下，如图 5-2-19 所示。

图 5-2-19　下载 echarts.js

② 修改 Python 脚本。

修改脚本代码，使其渲染模板 EChartsDemo.html，示例代码如下所示。

```python
from flask import Flask,render_template

app = Flask(__name__)

@app.route("/")
def index():
  return render_template("EChartsDemo.html")

if __name__ == '__main__':
app.run(debug=True)
```

③ 新建 EChartsDemo.html。

在 Flask 项目的 templates 目录中新建 EChartsDemo.html，并编写代码，如下所示。

```html
<!DOCTYPE html>
<html lang="en">
<head>
<meta charset="UTF-8">
<title>EChartsDemo</title>
<script src="/static/echarts.js"></script>
</head>
<body>
<body>
<div id="main" style="width: 600px;height:400px;"></div>
<script type="text/javascript">
  var myChart = echarts.init(document.getElementById('main'));
  var option = {
```

```
    title: {
        text: 'Flask 调用 ECharts 示例'
    },
    tooltip: {},
    legend: {
        data:['学习成绩']
    },
    xAxis: {
        data: ["高等数学","数据结构","计算机网络","操作系统","计算机组成原理","网络安全"]
    },
    yAxis: {},
    series: [{
        name: '学习成绩',
        type: 'bar',
        data: [95, 90, 96, 90, 98, 92]
    }]
};
myChart.setOption(option);
</script>
</body>
</body>
</html>
```

④ 启动 Flask 应用。

启动 Flask 应用后，在浏览器中输入 localhost:5000，打开页面，显示出 Flask 调用 ECharts 示例，如图 5-2-20 所示。

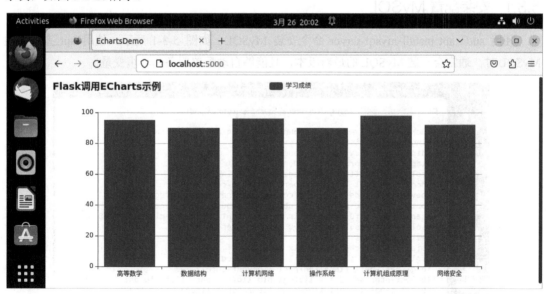

图 5-2-20　Flask 调用 ECharts 示例

任务 5.3　MySQL 安装配置与基础操作

安装和配置 MySQL，并通过 SQL 操作示例了解和掌握 MySQL 的基本使用方法。

（1）安装配置 MySQL。

- 使用 sudo apt install mysql-server 命令安装 MySQL。
- 测试 MySQL 的安装情况。
- 使用 MySQL 安全配置向导 mysql_secure_installation 配置 MySQL 安全选项。

（2）MySQL 基础操作。

- 创建数据库。
- 选择数据库。
- 创建数据表。
- 插入数据。
- 查询数据。
- 分组。

5.3.1　安装配置 MySQL

使用 sudo apt install mysql-server 命令安装 MySQL，如图 5-3-1 所示。使用 apt 方式安装 MySQL 时，通常会安装 MySQL 的最新版本，且能够自动配置服务和环境变量。

图 5-3-1　安装 MySQL

安装完成后，MySQL 会自动启动，可以使用如图 5-3-2 所示的命令测试 MySQL 的安装情况，表明 MySQL 已正常启动。

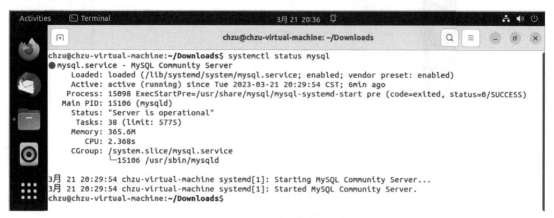

图 5-3-2   查看 MySQL 的安装情况

使用 MySQL 安全配置向导 mysql_secure_installation 配置 MySQL 安全选项，如图 5-3-3 所示。对于在配置过程中出现的问题，可以通过主流搜索引擎寻找解决方案。

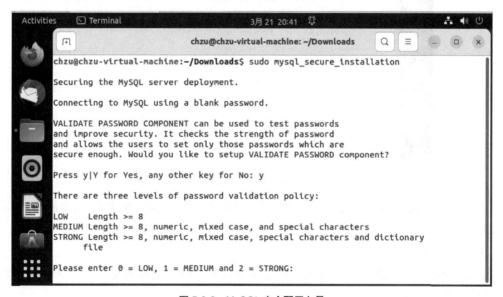

图 5-3-3   MySQL 安全配置向导

5.3.2   MySQL 基础操作

（1）创建数据库。

在登录 MySQL 服务后，使用 create 命令创建数据库，语法如下：

```
CREATE DATABASE 数据库名;
```

图 5-3-4 演示了创建数据库的过程，数据库名为 newsdb。

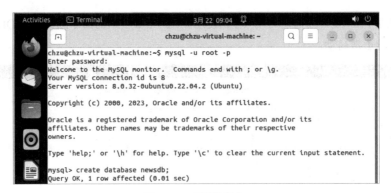

图 5-3-4　创建数据库

（2）选择数据库。

在用户连接到 MySQL 后，可能存在多个数据库，因此需要选择目标数据库。用户可以使用 SQL 命令（use 数据库名;）来选择指定的数据库。

如图 5-3-5 所示为选择数据库 newsdb 的过程。

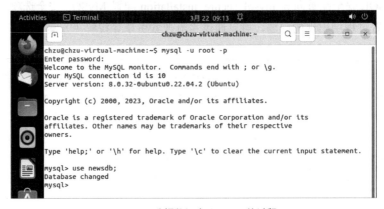

图 5-3-5　选择数据库 newsdb 的过程

出现"Database changed"提示后，表明已经成功选择了 newsdb 数据库，后续的操作都会在 newsdb 数据库中执行。

（3）创建数据表。

创建 MySQL 数据表需要的信息包括表名、表字段名、每个表字段的定义。以下为创建 MySQL 数据表的 SQL 通用语法：

```
CREATE TABLE table_name (column_namecolumn_type);
```

具体而言，可以通过以下 SQL 语句在 newsdb 数据库中创建数据表 news。若不让字段为 NULL，则可以设置字段的属性为 NOT NULL，在操作数据库时，若输入该字段的数据为 NULL，则会报错。AUTO_INCREMENT 定义列为自增的属性，一般用于主键，数值会自动加 1。PRIMARY KEY 关键字用于定义列为主键。用户可以使用多列来定义主键，列间以逗号分隔。ENGINE 设置存储引擎，CHARSET 设置编码。如图 5-3-6 所示为创建数据表的过程。

```
CREATE TABLE IF NOT EXISTS `news`(
    `id` INT UNSIGNED AUTO_INCREMENT,
    `title` VARCHAR(100) NOT NULL,
```

```
    `author` VARCHAR(40) NOT NULL,
    `date` DATE,
    PRIMARY KEY ( `id` )
)ENGINE=InnoDB DEFAULT CHARSET=utf8;
```

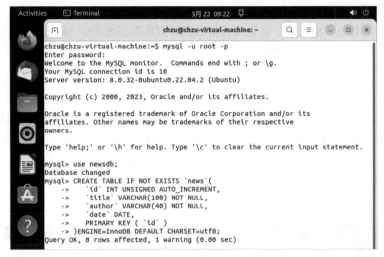

图 5-3-6　创建数据表的过程

（4）插入数据。

在 MySQL 数据表中使用 INSERT INTO 语句来插入数据。向 MySQL 数据表插入数据的 SQL 语法如下所示：

```
INSERT INTO tableName( field1, field2,...fieldn )VALUES( value1, value2,...valuen );
```

如果是字符型数据，那么必须使用单引号或双引号，如"value"。

图 5-3-7 展示了如何使用以下语句向 news 数据表插入 1 条数据，代码如下所示：

```
INSERT INTO news (title, author, date)
VALUES
                ("news1", "author1", NOW());
```

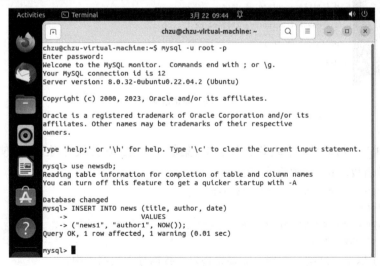

图 5-3-7　插入数据

如图 5-3-7 所示，箭头标记 "->" 不是 SQL 语句的一部分，它仅表示新行，如果一条 SQL 语句较长，那么可以通过回车键创建新行来编写 SQL 语句，SQL 语句的命令结束符为英文格式的分号。

（5）查询数据。

MySQL 数据库使用 SELECT 语句来查询数据。查询数据通用的 SELECT 语法如下所示：

```
SELECT columnName1,columnName2
FROM tableName1, tableName2,…tableNamen
[WHERE Clause]
[LIMIT N][ OFFSET M]
```

在查询语句中可以使用一个或多个表，表之间使用英文逗号分隔，并使用 WHERE 语句来设定查询条件。SELECT 命令可以读取一条或多条记录。若使用通配符星号（*）来代替其他字段，则 SELECT 语句会返回表的所有字段数据。LIMIT 属性用来设定返回的记录数。OFFSET 指定 SELECT 语句开始查询的数据偏移量，默认情况下偏移量为 0。

图 5-3-8 展示了查询 news 数据表的过程。

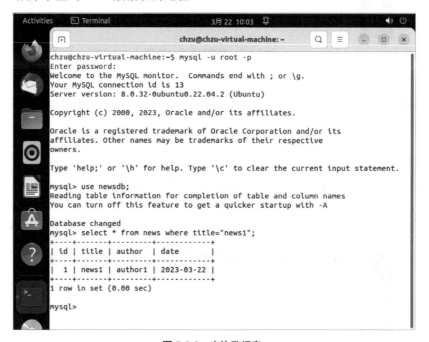

图 5-3-8 查询数据表

（6）分组。

GROUP BY 语句根据一个或多个列对结果集进行分组。在分组的列上可以使用 COUNT、SUM、AVG 等函数，其语法如下所示：

```
SELECT columnName, function(columnName)
FROM tableName
WHERE columnName operator value
GROUP BY columnName;
```

本节使用了以下表结构及数据，需要先将以下数据导入数据表中：

```
SET NAMES utf8;
```

```
SET FOREIGN_KEY_CHECKS = 0;
DROP TABLE IF EXISTS `authors`;
CREATE TABLE `authors` (
  `id` int(11) NOT NULL,
  `name` char(10) NOT NULL DEFAULT '',
  `date` datetime NOT NULL,
  `signin` tinyint(4) NOT NULL DEFAULT '0',
  PRIMARY KEY (`id`)
) ENGINE=InnoDB DEFAULT CHARSET=utf8;
BEGIN;
INSERT INTO `authors` VALUES ('1', 'zs', '2023-03-01 5:30:21', '1'), ('2', 'ls',
'2023-03-02 8:12:30', '3'), ('3', 'ww', '2023-03-0310:16:31', '2'), ('4', 'ls', '2023-03-04
12:23:06', '4'), ('5', 'zs', '2023-03-05 13:36:30', '4'), ('6', 'zs', '2023-03-06
14:06:28', '2');
  COMMIT;
SET FOREIGN_KEY_CHECKS = 1;
```

执行上述程序后，可以通过以下语句查看数据，过程如图 5-3-9 所示。

```
select * from authors;
```

图 5-3-9　查看数据

通过 GROUP BY 语句对 authors 表中的数据按名称进行分组，并统计每位作者有多少条记录，过程如图 5-3-10 所示。

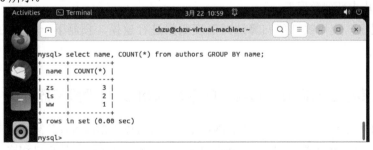

图 5-3-10　数据分组

MySQL 是较为流行的关系数据库管理系统，在 Web 应用方面，MySQL 是最好的关系数据库管理系统应用软件之一。本小节只介绍了后续章节所用到的 MySQL 基本操作，对于未提到的操作，如删除数据表、删除数据库、更新数据、删除数据、导入/导出数据等内容，读者可以使用 MySQL 官方教程自行学习。

任务 5.4　智慧家居数据采集与处理

任务描述

采集传感器数据并上传至 EMQ X Broker 代理服务器；订阅 EMQ X Broker 数据并将数据写入 Kafka；使用 Flink 流计算项目将读取到的 Kafka 数据写入关系数据库 MySQL 中；使用 Python 编写程序，将 MySQL 中的数据写入分布式文件系统 HDFS，进行持久化存储；使用机器学习算法对写入 MySQL 的数据进行建模和预测。

关键步骤

（1）采集传感器数据并上传至 EMQ X Broker 代理服务器。

- 在 NodeMCU 中编写程序，将传感器数据上传到 EMQ X Broker 代理服务器。

（2）订阅 EMQ X Broker 数据并写入 Kafka。

- 通过"pip install paho-mqtt==1.6.1"和"pip install kafka-python==2.0.2"命令安装 paho-mqtt 和 kafka-python。
- 编写 Python 程序，订阅 EMQ X Broker 的传感器数据并写入 Kafka 中。

（3）将数据存储至关系数据库 MySQL。

- 使用 IntelliJ IDEA 创建 Flink 流计算项目。
- 设置 Flink 流计算项目运行所需的依赖包。
- 编写 Flink 流计算项目，将读取到的 Kafka 数据写入关系数据库 MySQL。

（4）将数据存储至分布式文件系统 HDFS。

- 使用 VS Code 创建 Python 项目。
- 编写 Python 程序，读取 MySQL 中的传感器数据并写入分布式文件系统 HDFS，进行持久化存储。

（5）应用机器学习算法进行数据趋势预测。

- 在数据库中新建数据表。
- 编写程序，使用线性回归算法对温度数据进行建模，预测下一分钟的数值并存储至 MySQL。

5.4.1　采集传感器数据并上传至 EMQ X Broker 代理服务器

在任务 2.1 中已练习了如何组建物联网环境。读者可以根据部署智慧家居的实际情况在智慧家居环境中增加传感器的类型和数量。通过 USB 线将 NodeMCU 与计算机相连，此时可以使用计算机的设备管理器查看 NodeMCU 设备驱动是否正常，如果发现无法驱动，那么下载 cp2101 驱动并安装即可。

正常烧录代码需要安装相关 Arduino 库，使用 Arduino IDE 可直接下载安装，所需的库分别是 PubSubClient、ArduinoJson、DFRobot_DHT11。

采集智慧家居传感器数据并上传至 EMQ X Broker 代理服务器的硬件代码如下：

```
#include <ESP8266WiFi.h>
#include <PubSubClient.h>
#include <ArduinoJson.h>
#include <DFRobot_DHT11.h>
DFRobot_DHT11 DHT;
// 将温湿度传感器数据接口接入 NodeMCU D1 引脚
#define DHT11_PIN D1
// 将人体红外传感器接入 NodeMCU D2 引脚
#define PIR_PIN D2
// 需要连接的 Wi-Fi 名和密码
const char* ssid = "wifi-name";
const char* password = "wifi-password";
// 运行 EMQ X Broker 的局域网 IP 地址，建议在同一 Wi-Fi 下
const char* mqtt_server = "mqtt-server-ip";

WiFiClientespClient;
PubSubClient client(espClient);
unsigned long lastMsg = 0;

void setup_wifi() {
  delay(10);
  // 开始连接 Wi-Fi
  Serial.println();
  Serial.print("Connecting to ");
  Serial.println(ssid);

  WiFi.mode(WIFI_STA);
  WiFi.begin(ssid, password);

  while (WiFi.status() != WL_CONNECTED) {
    delay(500);
    Serial.print(".");
  }
  randomSeed(micros());
  Serial.println("");
  Serial.println("WiFi connected");
  Serial.println("IP address: ");
  Serial.println(WiFi.localIP());
}
// MQTT 回调函数
void callback(char* topic, byte* payload, unsigned int length) {
  Serial.print("Message arrived [");
  Serial.print(topic);
  Serial.print("] ");
  for (int i = 0; i< length; i++) {
    Serial.print((char)payload[i]);
  }
  Serial.println();
}
```

```
// MQTT 重连函数
void reconnect() {
  while (!client.connected()) {
    Serial.print("Attempting MQTT connection...");
    String clientId = "ESP8266Client-";
    clientId += String(random(0xffff), HEX);
    if (client.connect(clientId.c_str())) {
      Serial.println("connected");
      client.publish("outTopic", "hello world");
      client.subscribe("inTopic");
    } else {
      Serial.print("failed, rc=");
      Serial.print(client.state());
      Serial.println(" try again in 5 seconds");
      delay(5000);
    }
  }
}

void setup() {
  pinMode(PIR_PIN, INPUT);
  Serial.begin(115200);
  setup_wifi();
  client.setServer(mqtt_server, 1883);
  client.setCallback(callback);
}

void loop() {
  if (!client.connected()) {
    reconnect();
  }
  client.loop();
  // 每 2s 读取一次数据
  unsigned long now = millis();
  if (now - lastMsg> 2000) {
    lastMsg = now;
    // 读取温湿度传感器数据
    DHT.read(DHT11_PIN);
    DynamicJsonDocumentdoc(512);
    doc["temp"] = DHT.temperature;
    doc["humi"] = DHT.humidity;
    // 读取人体红外传感器数据
    long state = digitalRead(PIR_PIN);
    doc["person"] = state;
    char output[512];
    serializeJson(doc, output);
    Serial.println(output);
    // 发送数据到 EMQ X Broker
    client.publish("/sensor/data", output);//MQTT 主题
  }
}
```

如图 5-4-1 所示，程序运行后，采集的数据不断被发送到 EMQ X Broker 代理服务器。

图 5-4-1　Arduino IDE 串口监视器运行截图

NodeMCU 在将传感器数据上传到 EMQ X Broker 代理服务器前，需要提前安装并运行 EMQ X Broker 代理服务器（详见任务 2.2）。在 Windows 操作系统上也可以安装和部署 EMQ X Broker 代理服务器，其过程与 Linux 操作系统下的过程类似。

5.4.2　订阅 EMQ X Broker 数据并写入 Kafka

由于 EMQ X Broker 无法将数据直接推送到 Kafka 中，此处需要通过 Python 编程订阅 EMQ X Broker 的数据并发送到 Kafka 中。

此处代码使用 Python 3 编写，用到的库分别为 paho-mqtt 和 kafka-python。可以通过 "pip install paho-mqtt==1.6.1" 和 "pip install kafka-python==2.0.2" 命令进行安装。

订阅 EMQ X Broker 数据并写入 Kafka 的代码如下：

```python
import random
from paho.mqtt import client as mqtt_client

from kafka import KafkaProducer
from kafka.errors import KafkaError


broker = 'broker -ip'            # 按需设置
port = 1883
topic_mqtt = "/sensor/data"      # 订阅主题
client_id = f'python-mqtt-{random.randint(0, 1000)}'
producer = KafkaProducer(bootstrap_servers='localhost:9092')
topic_kafka = 'test'
```

```
def connect_mqtt():
    def on_connect(client, userdata, flags, rc):
        if rc == 0:
            print("Connected to MQTT Broker!")
        else:
            print("Failed to connect, return code %d\n", rc)
        # Set Connecting Client ID
        client = mqtt_client.Client(client_id)
        client.on_connect = on_connect
        client.connect(broker, port)
        return client

def subscribe(client: mqtt_client):
    def on_message(client, userdata, msg):
        print(f"Received `{msg.payload.decode()}` from `{msg.topic}` topic")
        try:
            producer.send(topic_kafka, msg.payload)
            except KafkaError as e:
                print(e)
    client.subscribe(topic_mqtt)
    client.on_message = on_message

def run():
    client = connect_mqtt()
    subscribe(client)
    while True:
        client.loop_start()

if __name__ == '__main__':
    run()
```

使用 VS Code 运行代码后会启动一个 Kafka 消费者进程。从图 5-4-2 中可以看到 EMQ X Broker 的数据正在不断被发送到 Kafka 中。

图 5-4-2　将 EMQ X Broker 的数据存入 Kafka

5.4.3　将数据存储至关系数据库 MySQL

从 EMQ X Broker 订阅传感器数据并存入 Kafka 后，数据暂时保存在 Kafka 中等待处理。此时运行 Flink 流计算项目，不断读取数据，并将处理结果写入 MySQL 进行持久化存储，为数据可视化做准备。

使用 IntelliJ IDEA 创建 Flink 流计算项目，点击"文件"→"新建"→"项目"命令，具体操作如 3.4.4 节所示，此处不再赘述。

Flink 流计算项目 pom.xml 依赖配置如下：

```xml
<project xmlns="http://maven.apache.org/POM/4.0.0"
xmlns:xsi="http://www.w3.org/2001/XMLSchema-instance"
    xsi:schemaLocation="http://maven.apache.org/POM/4.0.0
http://maven.apache.org/xsd/maven-4.0.0.xsd">
    <modelVersion>4.0.0</modelVersion>
    <groupId>org.example</groupId>
    <artifactId>FlinkDemo</artifactId>
    <version>1.0-SNAPSHOT</version>
    <packaging>jar</packaging>
    <name>FlinkDemo</name>
    <url>http://maven.apache.org</url>
    <properties>
    <project.build.sourceEncoding>UTF-8</project.build.sourceEncoding>
    </properties>
    <dependencies>
    <dependency>
    <groupId>org.apache.flink</groupId>
    <artifactId>flink-streaming-java</artifactId>
    <version>1.16.1</version>
    </dependency>
    <dependency>
    <groupId>org.apache.flink</groupId>
    <artifactId>flink-clients</artifactId>
    <version>1.16.1</version>
    </dependency>
    <dependency>
    <groupId>org.apache.logging.log4j</groupId>
    <artifactId>log4j-core</artifactId>
    <version>2.19.0</version>
    <scope>runtime</scope>
    </dependency>
    <dependency>
    <groupId>com.alibaba.fastjson2</groupId>
    <artifactId>fastjson2</artifactId>
    <version>2.0.11</version>
    </dependency>
    <dependency>
    <groupId>org.apache.flink</groupId>
```

```
<artifactId>flink-connector-kafka</artifactId>
<version>1.16.1</version>
<scope>provided</scope>
</dependency>
<dependency>
<groupId>org.apache.flink</groupId>
<artifactId>flink-connector-jdbc</artifactId>
<version>1.16.1</version>
</dependency>
</dependencies>
<build>
<plugins>
<plugin>
<groupId>org.apache.maven.plugins</groupId>
<artifactId>maven-compiler-plugin</artifactId>
<configuration>
<source>8</source>
<target>8</target>
</configuration>
</plugin>
</plugins>
</build>
</project>
```

Flink 流计算代码如下：

```
import org.apache.flink.api.common.eventtime.WatermarkStrategy;
import org.apache.flink.api.common.serialization.SimpleStringSchema;
import org.apache.flink.connector.jdbc.JdbcConnectionOptions;
import org.apache.flink.connector.jdbc.JdbcExecutionOptions;
import org.apache.flink.connector.jdbc.JdbcSink;
import org.apache.flink.connector.kafka.source.KafkaSource;
import org.apache.flink.connector.kafka.source.enumerator.initializer.
OffsetsInitializer;
import org.apache.flink.streaming.api.datastream.DataStreamSource;
import org.apache.flink.streaming.api.environment.StreamExecutionEnvironment;
import demo.SensorData;
import java.time.LocalDateTime;
public class DataStreamJob2 {
  public static void main(String[] args) throws Exception {
    final StreamExecutionEnvironment env =
StreamExecutionEnvironment.getExecutionEnvironment();

    KafkaSource<String> source = KafkaSource.<String>builder()
    .setBootstrapServers("127.0.0.1:9092")
    .setTopics("test")
    .setGroupId("flink-group")
    .setStartingOffsets(OffsetsInitializer.latest())3
    .setValueOnlyDeserializer(new SimpleStringSchema())
      .build();
```

```
        DataStreamSource<String> stream = env.fromSource(source,
WatermarkStrategy.noWatermarks(), "Kafka Source");

        stream
          .map(line ->JSONObject.parseObject(line, SensorData.class))
          .addSink(
            JdbcSink.sink(
              "insert into sensor_data (temp, humi, person, create_time) values
(?, ?, ?, ?)",
                (statement, data) -> {
                  statement.setInt(1, data.getTemp());
                  statement.setInt(2, data.getHumi());
                  statement.setInt(3, data.getPerson());
                  statement.setString(4, String.valueOf(LocalDateTime.now()));
                },
                JdbcExecutionOptions.builder()
                  .withBatchSize(1000)
                  .withBatchIntervalMs(200)
                  .withMaxRetries(5)
                  .build(),
                new JdbcConnectionOptions.JdbcConnectionOptionsBuilder()
                  .withUrl("jdbc:mysql://localhost:3306/ds0?useSSL=false")
                  .withDriverName("com.mysql.jdbc.Driver")
                  .withUsername("root")
                  .withPassword("Ablc@chzu2023")
                  .build()
              )
            );
          .execute("Flink Streaming");
    }
  }
```

SensorData 代码如下：

```
package demo;
import java.io.Serializable;
import java.util.Date;
import java.util.Objects;

public class SensorData implements Serializable {
  private Integer temp;
  private Integer humi;
  private Integer person;
  private Date timestamp;

  public Integer getTemp() {
    return temp;
  }
  public void setTemp(Integer temp) {
```

```
            this.temp = temp;
        }
        public Integer getHumi() {
            return humi;
        }
        public void setHumi(Integer humi) {
            this.humi = humi;
        }
        public Integer getPerson() {
            return person;
        }
        public void setPerson(Integer person) {
            this.person = person;
        }
        public Date getTimestamp() {
            return timestamp;
        }
        public void setTimestamp(Date timestamp) {
            this.timestamp = timestamp;
        }
        @Override
        public String toString() {
            return "SensorData{" +
                    "temp=" + temp +
                    ", humi=" + humi +
                    ", person=" + person +
                    ", timestamp=" + timestamp +
                    '}';
        }
        @Override
        public booleanequals(Object o) {
            if (this == o) return true;
            if (o == null || getClass() != o.getClass()) return false;
            SensorData that = (SensorData) o;
            return Objects.equals(temp, that.temp) &&Objects.equals(humi, that.humi)
&&Objects.equals(person, that.person) &&Objects.equals(timestamp, that.timestamp);
        }
        @Override
        public int hashCode() {
            return Objects.hash(temp, humi, person, timestamp);
        }
    }
```

　　此处的 Flink 代码的作用是读取 Kafka 中缓存的传感器数据，并将其转化为 Java 中的实体对象，然后通过 JDBC 操作数据库将实体对象写入 MySQL。在运行程序前，通过 mysql -u root -p 命令进入 MySQL 后，通过以下命令创建数据库和数据表，如图 5-4-3 所示。

```
-- 创建数据库
```

```
create database ds0;
-- 切换数据库
use ds0;
-- 创建数据表
SET NAMES utf8mb4;
SET FOREIGN_KEY_CHECKS = 0;
DROP TABLE IF EXISTS `sensor_data`;
CREATE TABLE `sensor_data` (
  `id` bigint(20) NOT NULL AUTO_INCREMENT,
  `temp` int(11) NULL DEFAULT NULL COMMENT '温度',
  `humi` int(11) NULL DEFAULT NULL COMMENT '湿度',
  `person` int(11) NULL DEFAULT NULL COMMENT '是否有人',
  `create_time` datetime NULL DEFAULT NULL COMMENT '插入时间',
  PRIMARY KEY (`id`) USING BTREE
) ENGINE = InnoDB AUTO_INCREMENT = 26788 CHARACTER SET = utf8mb4 COLLATE =
utf8mb4_unicode_ci ROW_FORMAT = Dynamic;
SET FOREIGN_KEY_CHECKS = 1;
```

图 5-4-3　创建数据库和数据表

运行程序后，在命令行查看写入 MySQL 的数据，如图 5-4-4 所示。

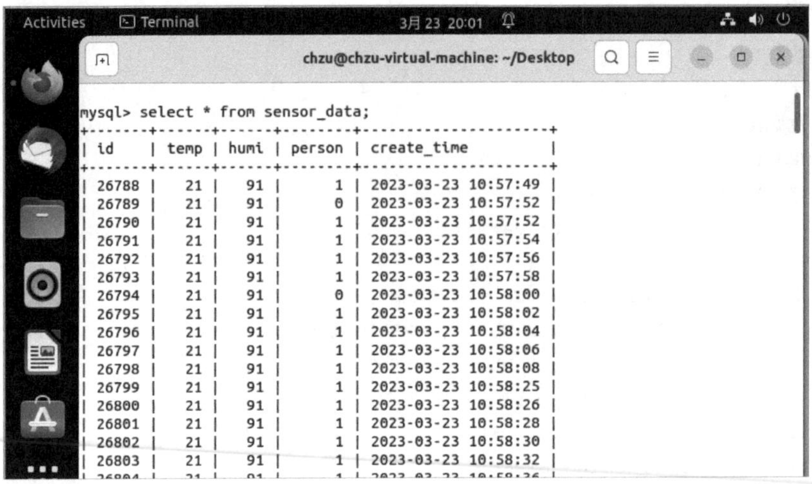

图 5-4-4　在命令行查看数据

5.4.4　数据存储至分布式文件系统

本小节实现的功能是读取 MySQL 中的传感器数据并将其写入分布式文件系统 HDFS，进行持久化存储。

在 VS Code 中新建 MySQL2HDFS.py 文件。

在 VS Code 的终端使用 pip install hdfs 命令安装 HDFS 包，如图 5-4-5 所示。

图 5-4-5　安装 HDFS 包

成功安装 HDFS 包后，开始编写 Python 程序，如下所示。其功能是连接 MySQL 数据库，读取 sensor_data 表中的数据，并转换数据格式，然后连接 Hadoop HDFS，最后将数据写入 HDFS。

```python
import pymysql
from hdfs import InsecureClient
from io import StringIO

# 连接 MySQL 数据库
```

```
conn = pymysql.connect(
  host='localhost',
  port=3306,
  user='root',
  password='password',
  database='ds0',
  charset='utf8mb4'
)
# 从数据库中读取数据
cursor = conn.cursor()
cursor.execute('SELECT * FROM sensor_data')
data = cursor.fetchall()
# 转换数据格式
output = StringIO()
for row in data:
output.write('\t'.join(str(col) for col in row) + '\n')
output.seek(0)
# 连接 Hadoop HDFS
client = InsecureClient('http://localhost:50070', user='chzu')
# 将数据写入 HDFS
with client.write('/data/sensor_data.txt', encoding='utf-8', overwrite=True) as
writer:
writer.write(output.read())
# 关闭数据库连接
conn.close()
```

在运行 MySQL2HDFS.py 前，首先在 VS Code 终端执行 hadoop fs -ls /data 命令，查看分布式
文件系统的/data 目录下是否存在文件。然后运行 MySQL2HDFS.py，程序运行结束后，再次执行
hadoop fs -ls /data 命令，查看分布式文件系统的/data 目录下是否存在文件，如图 5-4-6 所示，/data
目录下出现了一个由 MySQL2HDFS.py 新建的文件 sensor_data.txt。

图 5-4-6　将 MySQL 中的数据存入 HDFS

5.4.5　应用机器学习算法进行数据趋势预测

在 5.4.3 节已将采集到的温湿度传感器数据、人体红外传感器数据存储到了 MySQL 数据库
中。本节以温度数据为例，采用机器学习算法中的线性回归算法对其进行趋势预测，并将结果保

存至 MySQL 数据库。

如图 5-4-7 所示，在本项目的数据库 ds0 中通过以下 SQL 语句新建一个名为 temp_prediction 的数据表。

```sql
CREATE TABLE temp_prediction (
  id int NOT NULL AUTO_INCREMENT,
create_time datetime NOT NULL,
  temp decimal(5,2) NOT NULL,
  PRIMARY KEY (id)
) ENGINE=InnoDB DEFAULT CHARSET=utf8mb4;
```

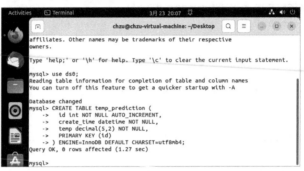

图 5-4-7   新建数据表

使用线性回归算法对温度数据进行建模，预测下一分钟的数值，并存储至 MySQL，具体代码如下所示：

```python
import pandas as pd
import numpy as np
from sklearn.linear_model import LinearRegression
from sklearn.impute import SimpleImputer
import pymysql
import time
from datetime import datetime, timedelta
# 建立数据库连接
connection = pymysql.connect(host='localhost',
                             user='root',
                             password='password',         # 根据需要设置密码
db='ds0',
                             charset='utf8mb4',
cursorclass=pymysql.cursors.DictCursor)
# 读取数据
with connection.cursor() as cursor:
sql = "SELECT * FROM sensor_data"
cursor.execute(sql)
results = cursor.fetchall()
df = pd.DataFrame.from_records(results)
df['create_time'] = pd.to_datetime(df['create_time'])    # 将时间列转换为时间格式
df = df.set_index('create_time')                         # 将时间列设置为索引

# 每分钟更新一次模型并进行预测
```

```
while True:
    df_minute = df.resample('1T').mean()                    # 以分钟为间隔进行采样
    X = np.array(df_minute.index.minute).reshape(-1, 1)
    y = df_minute['temp'].values.reshape(-1, 1)
    # 使用 SimpleImputer 填充缺失值
    imputer = SimpleImputer(strategy='mean')
    y_imputed = imputer.fit_transform(y)
    model = LinearRegression()
    model.fit(X, y_imputed)
    # 获取当前时间
    now = datetime.now()
    # 获取下一分钟的时间
    next_minute = now + timedelta(minutes=1)
    # next_minute = df_minute.index[-1] + pd.Timedelta(minutes=1)
    next_temp = model.predict([[next_minute.minute]])[0][0]
    print(next_minute)
    print('预测下一分钟温度：', next_temp)
    # 将预测结果插入新表中
    with connection.cursor() as cursor:
        sql = "INSERT INTO temp_prediction (create_time, temp) VALUES (%s, %s)"
data = (next_minute.strftime('%Y-%m-%d %H:%M:%S'), next_temp)
        cursor.execute(sql, data)
        connection.commit()
    time.sleep(60)                                          # 暂停 60s
```

使用线性回归算法预测温度的效果如图 5-4-8 所示。

图 5-4-8　使用线性回归算法预算温度的效果

任务 5.5　数据可视化展示

任务描述

完成传感器数据的持久化存储后，即可对数据进行可视化展示。对数据进行可视化展示的方案有很多种。例如，可以使用 5.2 节介绍的 Flask 实现一个读取 MySQL 数据并调用 ECharts 进行展示的 Web 应用系统。本小节以 Grafana 为例对采集的传感器数据进行可视化展示。

关键步骤

（1）安装与配置 Grafana。

- 下载并安装 Grafana。
- 配置自动启动。
- 通过 Web 访问 Grafana。
- 设置数据源。
- 创建 Dashboard。

（2）数据可视化展示。

- 创建 panel。
- 编写 SQL 语句。

5.5.1 安装与配置 Grafana

（1）下载并安装 Grafana。

如图 5-5-1 所示，首先从 Grafana 的官方网站下载 Ubuntu 系统的安装文件，然后通过运行 sudo dpkg -i grafana-enterprise_9.4.3_amd64.deb 命令安装 Grafana。

图 5-5-1 下载并安装 Grafana

（2）配置自动启动。

通过以下命令配置自动启动 Grafana：

```
sudo /bin/systemctl daemon-reload
sudo /bin/systemctl enable grafana-server
sudo /bin/systemctl start grafana-server
```

（3）通过 Web 访问 Grafana。

打开浏览器并输入 Grafana 服务器的 URL 地址。

默认用户名和密码均为 admin。进入系统之后，系统将提示更改默认密码。Grafana 界面如图 5-5-2 所示。

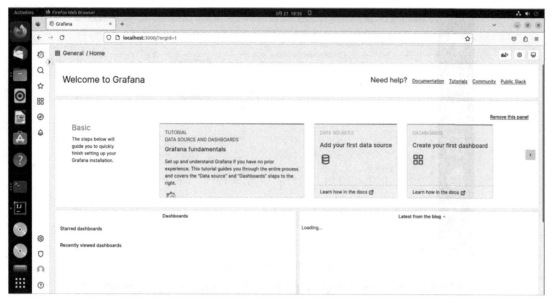

图 5-5-2　Grafana 界面

（4）设置数据源。

进入 Grafana 界面后，首先设置可视化展示需要的数据源，在本案例中需要设置 MySQL 数据源。

在 Grafana 设置中选择 Data sources 选项卡，添加数据源。填写 MySQL 相关配置信息，完成数据源的添加操作，如图 5-5-3 所示。

图 5-5-3　设置数据源

（5）创建 Dashboard。

点击图 5-5-3 中的"Build a dashboard"按钮创建 Dashboard，如图 5-5-4 所示。

点击如图 5-5-4 所示方框中的设置按钮，将 Dashboard 重新命名为 SmartHomeData，并点击"Save dashboard"按钮进行保存，如图 5-5-5 所示。

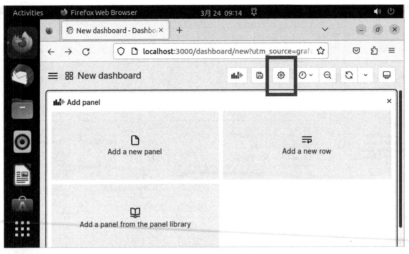

图 5-5-4　创建 Dashboard

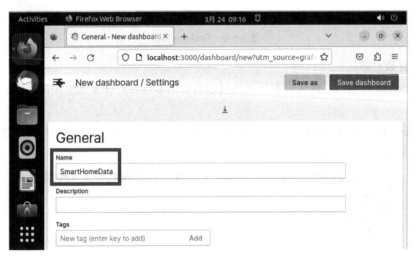

图 5-5-5　重命名 Dashboard

5.5.2　数据可视化展示

（1）创建"温度"panel。

在对数据进行可视化前，需要先创建 panel。如图 5-5-6 所示，在重命名为 SmartHomeData 的 Dashboard 中点击框选按钮会出现一个新的页面。

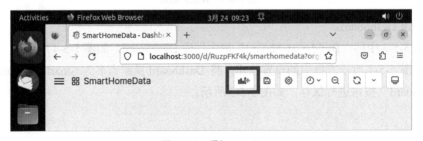

图 5-5-6　添加 panel

如图 5-5-7 所示，点击"Add a new panel"后出现"Edit panel"页面，创建 panel，如图 5-5-8 所示，更改方框中的"Title"为"温度"。

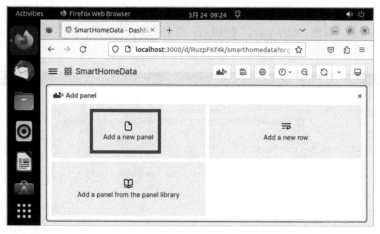

图 5-5-7　添加一个新 panel

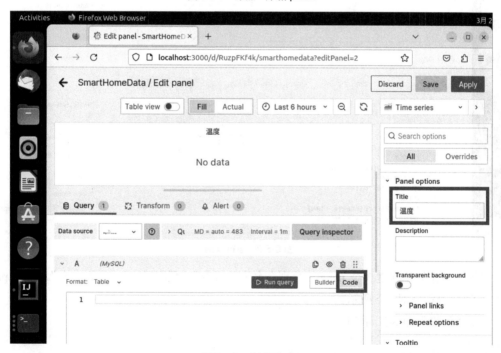

图 5-5-8　创建 panel

（2）编写 SQL 语句。

点击如图 5-5-8 所示方框中的"Code"按钮，编写对应的 SQL 语句，查询数据，完成数据可视化。

对"温度"进行可视化所需的 SQL 语句如下所示：

```
SELECT
date_sub(create_time, interval +8 hour) AS "time",
  temp as value
```

```
FROM sensor_data
WHERE
$__timeFilter(create_time)
ORDER BY create_timeasc
```

如图 5-5-9 所示，点击"Run query"按钮后，点击"Save"按钮，保存设置，然后点击"Apply"按钮进行应用。

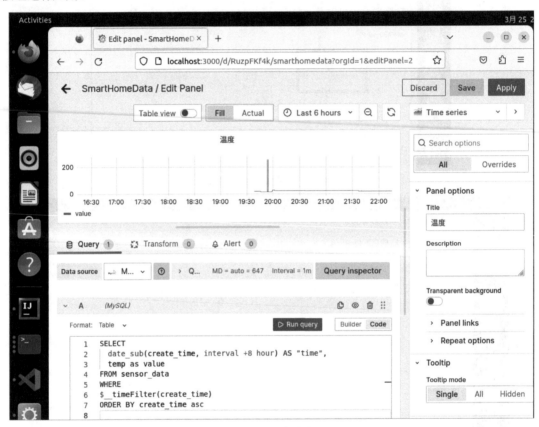

图 5-5-9　运行查询

以类似操作另外创建 3 个 panel，分别命名为"湿度""预测温度""是否有人"。每个 panel 所需的 SQL 语句分别如下所示。

展示"湿度"的 SQL 语句：

```
SELECT
date_sub(create_time, interval +8 hour) AS "time",
humi as value
FROM sensor_data
WHERE
$__timeFilter(create_time)
ORDER BY create_timeasc
```

展示"预测温度"的 SQL 语句：

```
SELECT
date_sub(create_time, interval +8 hour) AS "time",
  temp as value
```

```
FROM temp_prediction
WHERE
$__timeFilter(create_time)
ORDER BY create_timeasc
```

展示"是否有人"的 SQL 语句：

```
SELECT
date_sub(create_time, interval +8 hour) AS "time",
person as value
FROM sensor_data
WHERE
$__timeFilter(create_time)
ORDER BY create_timeasc
```

将本系统所有类型的数据进行可视化展示，结果如图 5-5-10 所示。

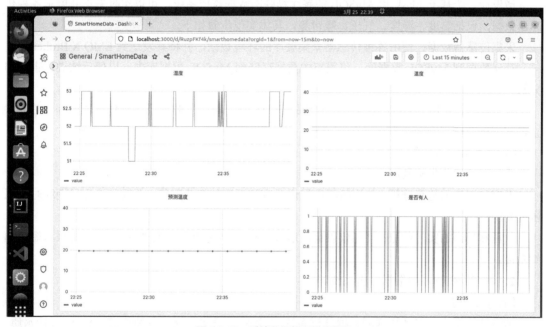

图 5-5-10　系统数据的可视化展示

在进行数据可视化时，读者可以根据实际的展示需要来选择不同的图表类型。对于更多的图表类型、在 Grafana 中的相关操作和 SQL 语句，读者可以自主查阅 Grafana 官方网站提供的文件，此处不再进行详细介绍。

小结

本章主要介绍了如何完成智慧家居数据采集、处理和展示的相关任务。首先，讲解了如何安装和配置 VS Code 编辑器，并介绍了 Flask 框架的基础编程知识和环境部署方法。其次，详细讲解了 MySQL 数据库的安装和配置，以及基础操作，帮助读者了解如何在应用中使用数据库存储和管理数据。再次，介绍了如何采集和处理智慧家居设备的数据，并讲解了如何编写相关程序。

最后，讲解了如何使用数据可视化工具展示智慧家居数据。

通过本章的学习，读者将掌握 VS Code 编辑器的使用技巧，了解 Flask 框架的基础编程知识和环境部署方法，熟悉 MySQL 数据库的安装和配置以及基础操作，掌握采集和处理智慧家居设备数据的方法，了解如何使用数据可视化工具展示数据。这些知识和技能将为读者进一步开展物联网相关领域的应用开发工作奠定基础。

习题

1. 设计餐厅物联网数据监控系统。

【具体要求】

请设计一个基于 Flask 和 MySQL 的餐厅物联网数据监控系统，可以实时采集并展示各种传感器数据，包括温度、湿度、气压、噪声等，具体实现步骤如下。

采集传感器数据：使用各种传感器采集餐厅的环境数据，并将其发送到 EMQ X Broker。

存储数据到 MySQL 数据库：将采集的数据存储到 MySQL 数据库中，以便后续进行查询和分析。

展示数据：使用 Flask 框架搭建一个 Web 应用程序，可以实时展示各种传感器数据，并提供查询和分析功能。

【指标及展示方式】

具体的可视化指标及展示方式如下。

温度和湿度的趋势分析：使用折线图展示温度和湿度的变化趋势，并提供选择日期和时间范围的功能。

气压和噪声的实时监测：使用仪表盘展示气压和噪声的实时数值，并提供声音警报和短信通知功能。

2. 水产养殖物联网数据分析系统。

【具体要求】

请设计一个水产养殖物联网数据分析系统，可以实时采集并展示各种传感器数据，包括水质、氧气、温度等，具体实现步骤如下。

采集传感器数据：使用各种传感器采集水产养殖场的环境数据，并将其发送到 EMQ X Broker。

存储数据到 MySQL 数据库：将采集到的数据存储到 MySQL 数据库中，以便后续进行查询和分析。

展示数据：使用 Flask 框架搭建一个 Web 应用程序，可以实时展示各种传感器数据，并提供查询和分析功能。

【指标及展示方式】

具体的可视化指标及展示方式如下。

水质的监测和分析：使用热力图展示水质变化情况，并提供选择日期和时间范围的功能。

氧气和温度的趋势分析：使用折线图展示氧气和温度的变化趋势，并提供选择日期和时间范围的功能。